適用 0~2 歲

暢銷增訂版

鈞媽零失敗

低敏 美味 副食品

135 道寶寶餐，第一次下廚就能輕鬆上手

親子部落客・寶寶作息天后　**鈞媽**◎著

肉泥　青菜丁　滑蛋　果泥　紅蘿蔔丁

新手父母

便利製作的食譜，
可依寶寶食量來調整份量

❀ 高雄市立鳳山醫院（委託長庚醫療財團法人經營）廖嘉音 營養師

　　副食品添加對新手媽媽們而言是一門大學問，從副食品添加的時機、該注意的「眉眉角角」還有食材跟工具的挑選，無一不是一種考驗，鈞媽將其歷年來的經驗藉由一本書巧妙地傳遞給大家，從工具的挑選到食材的建議，還貼心的提供許多的小技巧與她的經驗談，可以讓家長們更加容易上手。

　　除此之外，在食材的選擇上，為了讓寶寶可以充分地嘗試各種不同的食物以獲得更均衡的營養，鈞媽也費心的設計不同食材的副食品變化，讓家長們在製作副食品時完全不用對食材的選擇傷腦筋。

　　坊間其實已經出版許多的副食品專書，但新手父母出版總是能夠藉由不同專業的角度來介入與撰稿，如此一來就更能貼近大家的需求，這次鈞媽是以部落客的版主以及擁有豐富育兒經驗媽媽的角度來寫這本書，除了將自身經驗分享出來之外，也融合在部落格中家長們經常詢問的問題，如此一來讓讀者覺得更為親切也更淺顯易懂。

　　但是要提醒大家的是，每個寶貝都是獨一無二的個體，任何專家提供的建議都可以當作參考用，無論是食量還是餵食方式都沒有標準答案，寶寶會選擇對自己最適當的方式成長，家長們也要相信自己的選擇是正確的。

　　而這本書中的建議食譜為了不增加家長們製作的困擾，部分食材不特別強調重量或份量，是希望方便爸媽們製作，所以爸媽們可以依照寶貝的食量與喜好酌量給寶寶吃唷！

　　最後祝福每個爸媽心中的小寶貝都能「頭好壯壯」平安健康的長大。

幫助新手父母變身副食品高手

✿ 旅遊美妝部落客 CHEBERRY

　　沒有人天生就會做父母，自從有了小孩，我們每天都在學習如何當個好父母，放下原本的生活形態與小孩互相學習，不過還好，對於有醫護背景的媽媽帶起小孩能較快進入狀況，都學過嘛！只是缺乏實戰經驗。

　　對於第一次當父母的新手爸媽不免會較焦慮，現今資訊發達要想學習當父母不是難事，更重要的是要分辨資訊的正確性，每個小孩都是獨一無二的個體，同一套模式不一定適合全部的孩子。

　　養育孩子從母乳之路開始，好不容易熬過了母乳穩定期，緊接而來的是副食品添加，更是在考驗爸媽功力，從完全沒概念到煮出小孩願意接受的食物，一路上真是挫折連連，四處搜尋資訊及他人的經驗談，花了不少時間及金錢。

　　會認識鈞媽是因為小孩漸漸大了，我們要回歸到原有的生活模式，而我準備副食品也已經到了有瓶頸的階段，從一開始的米湯、倍粥、食物泥，能變的花招都變過了，最關鍵的是我們即將要出國了，總不能要我在國外也這樣煮，出門在外總有許多不方便，上網看到有很多人推薦寶寶粥，當然也有反對寶寶粥的評論，資訊容易取得最重要的是分辨正確性，經過多家比較後選擇了鈞媽寶寶粥，學到更多食材的知識，更棒的是小孩願意接受，讓我們能在國外也可以安心餵副食品。

　　前面提到是因出國的需求才讓小孩食用方便的寶寶粥，在家裡能現煮就現煮，保留更多食材的營養，鈞媽將自己多年來烹煮副食品的經驗，包含工具的使用、食材的挑選及處理，任何在副食品階段會遇到的問題都介紹得相當仔細，以前都沒有如此完善的副食品工具書，我們花了好多時間研究，現在有了這一本副食品工具書，幫助新手爸媽更快進入小孩的副食品階段，各位爸爸媽媽看完這本書後，即刻變身副食品高手，小孩更能營養均衡健康成長。

讓新手父母可輕鬆準備副食品

✿ 鈞媽

對於絕大部分的母親而言，孩子不吃是媽媽最大的夢魘，將副食品一碗又一碗倒掉會讓媽媽抓狂，更痛苦的是看著孩子漸漸消瘦、常常生病。

副食品涉及的學問很廣泛，包含營養學、廚藝、對食材的知識、食材比例、食材過敏源程度等，就算媽媽都具有這些學問，製作副食品時還必須將食材處理得綿密、細緻，按照寶寶對咀嚼的發展慢慢改變食物型態，然而就算媽媽以上這些都做到，寶寶也不一定賞臉，因為還要考慮到寶寶是否吃膩、餐與餐的距離夠不夠讓寶寶感到肚子餓、中間有沒有被長輩餵零食、是不是生病等等。

副食品的複雜度，常常連執照廚師都感到麻煩，但是多數的媽媽卻是當了媽才開始學料理，自然將副食品視為畏途。

鈞鈞是家族中唯一的孩子，自從出生後就成為長輩的聚光燈，長輩常督促要將孩子養胖，鈞從小並非很好餵養的孩子，氣管過敏、常被傳染感冒，但是我在養育鈞也備受壓力，鈞瘦的時候，被長輩念：「別的小孩一天吃七八頓，怎麼妳只給他吃三餐」、「妳們都自己吃那麼胖、不給小孩吃飯啊」。孩子吃多時又念：「怎麼餵那麼多，把胃都撐大了」，要養育一個金孫，身為媳婦有著很大壓力，只是身為媽媽最大的壓力是該怎麼讓孩子願意吃飯、該怎麼讓他吃得營養又健康？鈞也曾厭食厭到連水都厭、抵抗力不佳而生病，心如刀割的感覺讓我自責不已。

雖然我們可以安慰別人：健康就好！瘦一點沒關係，但是放在自己孩子就完全不是這麼一回事。

這一路走來，累積許許多多心得，順利將鈞養胖（不是虛胖），鈞自一歲後幾乎沒有生過病。

鈞一歲後，開始將自己家的黑豬肉製作成副食品，從分享到成立公司販賣，也從聘請來的專業廚師身上學到許多的烹煮技巧，廣受眾

多媽媽的喜愛與歡迎，慢慢口耳相傳到今天。很多媽媽對副食品都有些錯誤的印象：

1. 副食品就是沒有味道、大人也不想吃

每種食材都有它天然的鮮甜味，只要是新鮮的食材，就算沒有高深的廚藝也可以把副食品做得非常好吃。

一盤好吃的菜並不是靠調味料就可以變得好吃，好吃的菜是靠食材本身，調味料只是襯托，甚至加了調味料反而毀損料理，讓料理難吃。舉個例子：上好的牛肉只需高溫煎二面，把肉汁封住後就能上桌，接著直接吃牛肉本身的鮮甜味，最多加一點鹽就很好吃，此時如果多加醬汁，就會讓原本好吃的牛肉變得都是醬味。

同理可證，副食品善用食材本身特性、高湯，將食材本身特性熬入副食品中，連大人都會很喜歡吃小朋友的副食品。

2. 我想給寶寶營養，所以把十數種食材打成泥或煮粥

我統稱這為巫婆泥，並不是把很多食材混和在一起就是營養，就像再美麗的顏色如果全部混在一起就變黑色，何況當寶寶發生過敏時，過多的食材會造成媽媽混淆，不知道該如何確認過敏原。如果不知道該怎麼搭配食材時，最多採用三～五種食材，每天或每餐更換種類就能攝取營養。

這次增訂在書末，增加很多媽媽面對寶寶吃副食品時會產生得很多疑問，也是鈞媽從事副食品業九年，媽媽們最擔心的厭食、如何讓寶寶喜歡副食品原因都寫進去。

我將副食品的經驗和想法都寫進書中，希望這本書能幫助更多媽媽輕鬆準備副食品，我相信有快樂的媽媽才有快樂的孩子，媽媽必須在帶孩子的過程中是快樂，才能讓孩子身心健康成長。

Part 1　準備篇─製作&食用副食品所需工具

Part 2 準備篇—製作副食品注意事項

專欄目錄

表格目錄

圖解目錄

製作&食用副食品所需工具

製作副食品所需工具

「工欲善其事，必先利其器」在準備寶寶副食品時，有適當的工具能幫助媽媽處理好食物。以下是鈞媽製作副食品時常使用的工具，媽媽們可以視自己的預算添購及選擇。

製作工具

調理棒（攪拌棒）

寶寶剛開始吃副食品時，通常量很小，可以先準備調理棒，將食材煮熟後直接以調理棒打成泥。

📑 鈞媽小評

· **優點**：價格便宜、清洗輕鬆、打少量也很方便，等寶寶開始吃碎顆粒食物時，也能用來打碎食材。

· **缺點**：無法一口氣處理大量食材，因為馬力不夠強，無法將肉類或較硬食材處理到非常綿密。

· **適合處理的副食品型態**：食物泥、細小碎顆粒食物。

· **實用度：★★★★★**

> **鈞媽經驗談**　　幾年前，鈞媽還不知道有這類方便的廚房小家電存在，都是花很多時間用菜刀把食材切得非常細；肉類則是先炒熟再以菜刀反覆剁兩至三次，讓食材更細，方便咀嚼，純手工也辦得到。

🥢 生機／果汁調理機

可以將寶寶副食品打得非常綿密，沒有任何顆粒的泥狀物。寶寶食量如果進展迅速，很快地調理棒就無法負荷，即便打到調理棒過熱也還沒處理完，這時就需要調理機來幫忙。媽媽可以一次處理一週的份量冷凍起來，要吃時再拿出來加熱即可。

🚩 鈞媽小評
- **優點**：可以一次快速將大量食材打成泥狀。
- **缺點**：價格高、噪音大、清洗不易。
- **適合處理的副食品型態**：食物泥。
- **實用度**：★★★★★

🍌 磨泥器

假設餐後需要吃一些新鮮果泥，可以使用磨泥器立刻磨一點餵食，只是磨泥非常耗費時間，磨出來的量少且不夠細。

🚩 鈞媽小評
- **優點**：可少量磨水果，較新鮮。
- **缺點**：耗時且量少，較不細緻。
- **適合處理的副食品型態**：食物泥。
- **實用度**：★

食物調理機

　　等寶寶不再吃食物泥後，就會進階開始吃細小顆粒的食物，媽媽必須開始將根莖類、葉菜類等切成小丁狀。食物調理機可以幫助媽媽快速將食材切片切絲或是切成極細的小丁狀，連肉類都可以切得跟粉末一樣細。如果媽媽沒有預算上的疑慮，食物調理機可以幫助媽媽更輕鬆準備副食品。

📍 鈞媽小評

- **優點：**可一次性把大量的食材打得細碎，連纖維多的豬肉或雞肉都可以打成很細小的顆粒。
- **缺點：**食物調理機價位高，用途只有在副食品上，能用在其他料理的地方則較少，像是打蒜末、辣椒末等，若預算不足，用調理棒也可以取代食物調理機。
- **適合處理的副食品型態：**細小碎顆粒食物。
- **實用度：**★★★

電鍋／電子鍋／萬用鍋／壓力鍋

　　電鍋一直都是媽媽的好幫手，快速將米飯和蔬菜、水果、肉類等食材煮熟，就算手藝笨拙也可以輕鬆上手，方便用在煮熟食材、煮粥、煮軟飯、加熱等。幾乎每個家庭都需要，在本書中所寫到的蒸煮都是使用電鍋，一般家庭常用為十人份電鍋，不建議買太少人份，有效將食物煮熟的容量約為內鍋八分滿，無法裝到全滿。

　　電子鍋可用於煮軟飯、炊飯，萬用鍋或壓力鍋可以用來煮軟飯、炊飯、熬湯、把食材燉煮軟爛等。

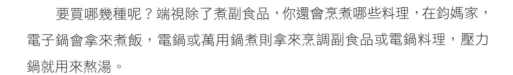

要買哪幾種呢？端視除了煮副食品，你還會烹煮哪些料理，在鈞媽家，電子鍋會拿來煮飯，電鍋或萬用鍋煮則拿來烹調副食品或電鍋料理，壓力鍋就用來熬湯。

🚩鈞媽小評

・**優點：**媽媽不需要守在瓦斯爐前面，也可以輕鬆把副食品煮熟。

・**缺點：**電鍋／電子鍋／萬用鍋／壓力鍋等都只是將食材蒸熟，缺少了炒、煎等其他烹煮法的美味。

・**適合處理的副食品型態：**所有的副食品種類。

・**實用度：**★★★★★

> **鈞媽
> 經驗談**　　大同電鍋雖然很方便，但是使用上有幾項事情需要注意，才能維持衛生安全。例如：外鍋只要使用完畢就要立即清洗；烹煮食物時，加在外鍋的水最好使用煮沸或過濾過的水。電鍋是採用水蒸氣蒸煮的原理，外鍋如果髒污，在蒸煮過程中就會將髒污帶入食物中，也因為外鍋水氣同樣會進入食物中，煮出來的食物也會比用瓦斯爐烹煮的食物保有較多水分，因此建議加熱食物時，可以蓋上蓋子以避免外鍋水氣進入食物中。

保存工具

🥄 製冰盒／冰磚盒

有些媽媽非常棒，餐餐都是新鮮現做，讓寶寶吃到新鮮營養的副食品。不過，如果不方便天天現做，還是可以採用一次做 3 至 7 天份冷凍保存，讓育兒可以更輕鬆。尤其是副食品初期寶寶只有吃少量食物泥的時候，可以利用製冰

盒／冰磚盒，在製冰盒上一排放一種口味，製作成各種不同口味的冰磚，每餐拿不同口味的冰磚組合加熱，提供不同口味變化。

🔖 鈞媽小評

· **優點**：小份量分裝每份食物泥冰磚，要吃時取出少量加熱。

· **缺點**：如大食量寶寶則需更換食物泥盛裝容器，冰磚盒就須功成身退。

· **適合處理的副食品型態**：食物泥。

· **實用度**：★★★

🍌 離乳副食品儲存盒／保鮮盒

等寶寶食量比較大，冰磚盒的容量有限（一般冰磚盒容量約 20 ～ 40ml），此時可以開始改用離乳副食品儲存盒或是裝食物用的保鮮盒，每一餐裝一盒，要加熱時再倒入耐熱容器加熱。保鮮盒的優點是容量大，外出時可以直接裝入保冷袋帶出門。

保鮮盒多數為塑膠材質，經過冷凍後會逐漸脆化，必須一段時間就更換。媽媽不妨選購玻璃保鮮盒，但缺點是玻璃材質攜帶出門較不方便，易撞破且重量較重。矽膠也是一個很好的選擇，矽膠食品級的容器比塑膠（PP）耐熱，比玻璃輕和柔軟，且材質穩定無毒。

🔖 鈞媽小評

· **優點**：按寶寶食量大小選購各式大小的保鮮盒或離乳保鮮盒。

· **缺點**：因為份量較大，較適合食量大的寶寶，食量小時則使用冰磚盒。

· **適合處理的副食品型態**：所有的副食品種類。

· **實用度**：★★★★★

保冷袋

　　出門旅遊時，外面的食物多數因為調味較重或較大塊，不適合寶寶吃，所以媽媽必須自行攜帶保冷袋裝自製的副食品出門，確保食物鮮度。

🔖 鈞媽小評

- **優點**：就算到遠地旅遊或過夜，也能攜帶媽媽親手做的副食品給寶寶吃。
- **缺點**：出門需攜帶大量且重的行李出門，增加出門的負擔。
- **適合處理的副食品型態**：所有的副食品種類。
- **實用度**：★★★★★

燜燒／保溫罐

　　若出門旅遊時不方便加熱副食品，燜燒罐是一個很好的選擇。出門前將副食品加熱至100℃後倒入燜燒罐，約 4 ～ 6 小時內食用完畢。購買燜燒／保溫罐時，記得要買保溫能力較佳，4 ～ 6 小時內需維持在 70℃以上，假如溫度少於 70℃就會造成食物腐敗，容量也要買大一點，約 400ml ～ 500ml 較恰當。

　　網路上有很多燜燒罐做副食品的食譜，不過燜燒罐是採用燜的方式製作食物，顆粒無法煮得非常綿密或軟，如果孩子還無法吃半固體食物，則建議還是在家先煮好後再裝入燜燒／保溫罐帶出門。

- **優點：** 不需要再找地方加熱冷凍副食品，開罐就直接可餵食副食品。

- **缺點：** 體積重，出門行李會非常重，且熟食無法攜帶過夜，需當天吃完；如果採用將生食材和熱水放入燜燒罐燜熟食材方式煮副食品，副食品難以煮得綿密軟爛。

- **適合處理的副食品型態：** 食物泥、粥。

- **實用度：** ★★★★★

鈞媽經驗談　　　如果帶寶寶出國，建議攜帶二個燜燒／保溫罐出門，一個裝熱水、一個裝飯店的新鮮果汁或水，熱水可以用來隔水加熱自己攜帶的副食品，另一個則是給寶寶飲用。因為國外的便利商店沒有提供加熱的服務，所以媽媽一定要自行處理加熱的部分，另外，在國外（尤其是東南亞），應避免喝當地的水，寶寶飲用的水一定要徹底煮沸過，所以出門時應用燜燒／保溫罐自行帶水。

裝熱水　　　　　　　裝果汁或水

食用副食品所需工具

　　餵食副食品需要特別的工具，而順手的工具可以幫助媽媽快速完成一餐。嬰幼兒的注意力往往很短暫，在餵食時一定要快速而且順暢。

湯匙

　　媽媽買副食品專用湯匙時，常會聽從藥局推薦而買非常小的湯匙，其實非常不實用，因為嬰幼兒的耐心短暫，一旦把餵食的時間拉長，寶寶就會放棄吃飯，分心玩樂。所以選擇湯匙時，建議選擇長型較大隻的湯匙，畢竟同樣容量的一碗副食品，大湯匙比小湯匙更快餵完。選擇湯匙有三個注意事項：

- **湯匙要是長型，而非圓型。**
- **湯匙面要大些，要注意是否過小，匙面大小則隨寶寶的成長即時更換。**
- **匙面不宜過深，應為淺底。**

　　湯匙長型 ○、圓型 ✕

　　湯匙面大 ○、匙面小 ✕

　　匙面淺 ○、匙面深 ✕

不實用的小湯匙

　　湯匙過小隻，能挖起來的副食品也很少，吃一頓非常耗時。

這種湯匙餵水或餵湯很方便

　　湯匙面大且淺底，不管餵食水或湯都很方便。

第一階段 4～6 個月

開始練習吃副食品時，可以選擇矽膠軟湯匙，較不傷害牙齦。

矽膠軟湯匙

第二階段 第 6～18 個月

等寶寶食量越來越大就可以考慮硬質或不銹鋼大隻的湯匙，像麥當勞冰炫風的湯匙形狀就可以當成選購該階段湯匙的範例。

硬質大湯匙

第三階段 寶寶開始學習自己吃飯

選擇短柄且大隻的湯匙。很多孩子在剛開始學習吃飯都會把手握在湯匙的頂端，由於手部動作不夠靈活，不容易將飯送進嘴巴，選擇短柄的湯匙，讓他能握在接近湯匙的底端，挖飯時比較容將飯送進自己的嘴巴。

短柄大湯匙

🍌 碗

第一階段 4 個月～需要媽媽餵食

材質建議：應選擇矽膠、不銹鋼、陶、瓷。

選擇不銹鋼的碗為最佳，碗的型狀則以方便媽媽拿就好，購買不銹鋼碗時要格外注意不銹鋼材質要在 304 以上，使用時才安全。不銹鋼 200 系列雖然便宜，但是不耐腐，易溶出重金屬，有害健康。

碗：矽膠、不銹鋼、陶、瓷

寶寶碗應避免使用塑膠、PP 材質，會有塑化劑被人體吸收的疑慮，加上塑膠、PP 材質沾上油脂就很難清洗乾淨，易造成衛生死角。

矽膠和塑膠材質用紫外線消毒很容易脆化，媽媽必須常常更換餐具；選擇陶、瓷也是不錯的選擇，缺點是重、容易摔破。

(第二階段) 開始自己動手吃飯

　　建議材質：不銹鋼、矽膠。

　　剛開始練習吃飯時，建議選擇底面積大、有防漏設計、有吸盤的碗，讓寶寶用最省力的方式將飯挖起來，也可防止碗盤傾倒。

底面積大、有吸盤的碗

 餐椅／餐搖椅

　　生活習慣需要從小開始培養，寶寶從小練習在餐椅上吃飯，除了可以好好順利吃完一餐外，也有助專注力的養成。

餐椅／餐搖椅

| 鈞媽
經驗談 | 孩子不肯乖乖坐在餐椅上用餐，怎麼辦？ |

　　從會直立坐著開始，應讓寶寶習慣在固定的地方吃飯，如果寶寶哭鬧著要下餐椅，就要結束當餐，並堅持到下一餐才能再餵寶寶，餐與餐中不給點心或零食，媽媽要學習堅持吃飯的原則，吃東西就一定要在餐椅上，寶寶才能漸漸養成餐桌禮儀。

　　在餐椅吃完飯後，媽媽可以拿布書、小玩具給他玩，讓他習慣吃完飯後，多坐在餐椅一段時間，除了可防止吃飽後激烈活動導致嘔吐，也能訓練寶寶的專注力。

　　若要帶寶寶外出用餐，建議選擇寶寶肚子餓的時間外出，記得攜帶一些小玩具、小點心，當寶寶吃飽飯後就能夠拿出來讓他吃一些小點心、玩玩具，延長願意坐在餐椅上的時間。

　　1歲多的孩子會因為外界的誘惑、分心、叛逆，導致一坐上餐椅就哭鬧著要下來玩，此時該怎麼處理？若擔心孩子的哭聲會影響其他人時，可以抱著他到餐廳外或電梯間，請他冷靜後再回到餐廳吃飯（我會請鈞面對牆壁罰站，我站在鈞背後，待他冷靜後，我會蹲下來，以跟他同樣高度的狀況問他：「要不要回去吃飯了呢？」）應避免小孩一哭就離開餐廳，而是應再一次回到餐廳，讓孩子了解不是用哭鬧的方式就可以離開餐椅。

圍兜兜

　　媽媽都會很害怕寶寶把水或食物弄得全身髒兮兮，此時圍兜兜就是必備的好幫手，每個階段所使用的圍兜兜都不同，每個寶寶都需備有多條圍兜兜（常常是一餐一條）。

喝奶／無法坐直期

　　此時所用的圍兜兜都是布或棉製，強打吸水性，有分成綁帶、魔鬼氈、釦子或直接拿紗布巾塞在領口充當的圍兜兜。這類的圍兜兜必須一直清洗，且只要發霉就要立刻更換。

棉質圍兜

坐餐椅期

　　多半是由媽媽餵食，常常流出來的副食品比吃進去的還多，所以使用的圍兜兜材質有塑膠和棉質，樣式則有硬式立體（底下有個凹槽可以接掉下去的食物）、防水圍兜、防水軟材質長袖／無袖圍兜兜（像衣服一樣穿起來）、背心型（常用在喝水或一直流口水時，吸水用）、拋棄式圍兜兜。

　　鈞媽覺得硬式立體比較好用，無論是媽媽餵副食品或自己吃時，凹槽可以把掉下的食物接住，清洗也比較方便。

硬式立體圍兜

🥄 喝水訓練杯

　　喝水杯有分三個階段，鴨嘴杯 ➡ 吸管杯 ➡ 寬水杯，不過每個孩子的學習進度都不同，不一定會按順序學習，寶寶 5 個月時，可以從鴨嘴杯開始讓寶寶學習用吸允方式將水喝進口中，兒科醫師建議直接學習用吸管杯，不需學鴨嘴杯，多數母親也會跳過鴨嘴杯，讓寶寶從 6 個月開始就學習用吸管杯。

NG！

吸管奶瓶

不推薦的吸管奶瓶

　　寶寶約 6 個月時，可以選擇溫水裝入就會往上升的吸管杯，慢慢輔助寶寶脫離奶瓶，吸管杯有另一種款式是把吸管裝在奶瓶中，但是鈞媽並不推薦，畢竟喝水訓練杯的功用就是輔助寶寶慢慢脫離奶瓶。

　　等寶寶習慣吸管杯後，就可以進階教孩子寬水杯，讓他學習控制手的力道，不會一次把水全倒入口中。

　　約 2 至 3 歲時，媽媽只要準備一般塑膠杯或不銹鋼杯給孩子喝水。

三階段水杯

鴨嘴杯、吸管杯、寬水杯

牙刷／紗布巾

寶寶還沒長牙時，就應該天天以紗布巾沾水，清理牙齦和口腔，保持口腔乾淨，長牙後更要以小牙刷刷牙。

媽媽可選在晚上睡前幫寶寶清理口腔，或者也可以每餐餐後清理口腔，只是清理時要小心不要把牙刷伸到接近喉嚨處，避免引起嘔吐。

牙刷、紗布巾

食物剪

副食品除了泥、粥外，媽媽也可以製作麵線、麵等其他類型副食品，食物剪可以在食用前把食物切得細碎，幫助寶寶咀嚼吞嚥。食物剪建議要選擇方便收納與攜帶出門的款式，等寶寶能吃顆粒食物時，將剪刀攜帶出門，假如大人吃的是汆燙食物也可以剪碎給寶寶一起吃。

方便攜帶的食物剪。

鈞媽 經驗談 我的寶寶每次喝水就會嗆到，該怎麼辦？

很多喝配方奶的寶寶因為習慣喝比較濃的液體，喝水時容易喝得太急太快而嗆到，媽媽一開始可以在水中加入蘋果汁和少許蘋果泥，比例為 1（水）：1（蘋果汁＋泥），讓寶寶慢慢適應。

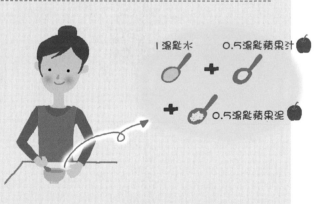

▌出門在外的副食品攜帶法

　　出門旅遊時，媽媽一定會發愁該怎麼攜帶副食品？可以讓寶寶吃外面的食物嗎？因為寶寶的身體器官尚未發育成熟，外面的食物對寶寶都太硬、太鹹、太不健康，建議媽媽在能力所及的範圍可自行攜帶副食品出門。

🍌 國內旅遊

1. 事前準備用品

　　保鮮盒（真空保鮮盒、母乳袋、食品真空袋亦可）、保冷袋（或車用冰箱、保冷劑）、奶粉／米精分裝罐、保溫水壺、湯匙、圍兜兜、濕紙巾、換洗衣物。

2. 副食品的準備

　　如果是當天來回，可以早上先把燜燒罐用熱水燙過後，把煮好的副食品放入燜燒罐，保溫在 70℃以上，等中午時剛好涼一點好入口。

　　至於外出盛裝冷凍食物泥的容器，可選擇一般保鮮盒、真空保鮮盒、母乳袋，也可以購買簡易型真空機和食品真空袋，食物真空保存除了攜帶方便，也能減少被黴菌、大腸桿菌等汙染的風險。

　　如果是出遠門或過夜的副食品盡量要提前 2 至 3 天製作、冷凍，以確保食物被凍透。依鈞媽的經驗，冷凍越久的食物愈不容易解凍，提前準備也可以拉長食物出門時的保存時間。

　　出門前再將副食品從冷凍裝進保冷袋或車用冰箱、保冷劑，可以跟超商借用微波爐，或請店員幫忙將副食品加熱。如果是較偏遠的地方，則可以提前將副食品退冰，再以熱水隔水加熱或加將熱水到副食品中即可，如

果要使用熱水隔水加熱的方式加溫食物，出門前準備食物泥時，需要連容器一起消毒，食物泥也要用最快方式降溫後放入容器且立即冷凍（因為食物是從低溫（7℃）以下直接快速加熱，中間並無讓細菌增生的時間，故還是安全的）。

　　有媽媽會選擇帶水果，寶寶要吃時再直接磨泥，並不建議這樣做，寶寶吃的食物建議都要經過高溫殺菌，如要直接磨泥需用熱水燙過（理論上只要是沒有煮沸過的食物就會帶菌，像前幾年發生過美國油桃和蘋果被李斯特菌汙染）；也有媽媽會直接攜帶食材、電鍋、調理棒，只是遊玩須以輕便為主，攜帶過多的物品又需要時間製作副食品，會導致媽媽玩得不盡興。

　　寶寶會因為長距離旅遊而疲累，通常你玩得越多天，寶寶的食慾就會越下降，所以媽媽身邊一定要帶奶粉、米精、米餅，吃不下時就單純餵奶或吃米精。

3. 副食品的保存

　　如果沒有購買保冷袋或車用冰箱、保冷劑，也可以用報紙將保鮮盒層層包起來，再用塑膠袋封住，或是使用保麗龍箱封裝起來保冷。

4. 用品和水

　　圍兜兜和奶粉／米精分裝罐可以買拋棄式，減少自己攜帶物品的重量。

　　寶寶喝的水一定要充分煮沸過，為避免外出卻讓寶寶生病，要自行攜帶煮沸的水，勿跟超商或借飲水機的水，因為不確認外面的飲水機是否有將管線洗乾淨或是否有孳生細菌。

拋棄式奶粉／米精分裝罐／奶瓶很方便。

🍌 國外旅遊

1. 事前準備用品

　　食品真空袋（母乳袋）、保冷袋（或保麗龍箱、保冷劑）、奶粉／米精分裝罐、米餅、保溫水壺二個、湯匙、圍兜兜、濕紙巾、換洗衣物。

2. 副食品的準備

　　出國首重方便性，建議不要到當地再煮副食品，讓自己疲勞加倍又不盡興。可以考慮購買方便攜帶的副食品調理包帶出國，如果目的地是日本也可以直接到當地購買日本副食品，只是因為每個寶寶喜好的口味均不同，建議出國前一定要先給寶寶吃過，確認他喜歡後再購買。

　　如果要自己製作，建議改用食品真空袋或母乳袋裝，事先徹底冷凍後（建議提前幾天就要冷凍），出國前再裝進保麗龍箱、保冷袋＋保冷劑或以報紙包起來裝進塑膠袋後放進行李箱中託運，飛機上通常有嬰兒飛機餐（通常是罐頭泥，如果寶寶不吃泥就記得要選兒童餐，兒童餐通常是固體食物），如果寶寶吃不習慣，你也能帶自己準備的副食品上飛機後請空姐微波。

　　飯店冰箱的右上格通常是冷凍，媽媽可以把較晚吃的放在右上格，要先吃的放在冷藏（或買冰塊放在你的副食品上面），或委託飯店幫忙冷凍。

將副食品徹底冷凍後裝入真空袋保存。

　　在房間時，可將真空袋或母乳袋放入熱水加熱，出外遊玩時，用保溫罐中的熱水加熱副食品，早上吃飯店早餐時，要準備二個保溫罐，一個裝熱水（加熱副食品用）、一個裝果汁或小孩要喝的水，除了日本，都應該避免讓孩子喝當地未經煮沸過的水。

　　通常寶寶到後面幾天都會累到吃不下、常哭鬧，媽媽則可以讓寶寶喝奶或吃米精、米餅來撐過最後一至二天。

父母對副食品的謬思

媽媽在給予寶寶副食品時，常常會有非常多的疑問，偏偏網路上的文章又非常多，多到你不知道該不該相信，以下是鈞媽針對幾項提出討論：

Q：寶寶不可以吃油？

A 寶寶的身體其實也需要油脂，有些媽媽懼怕給予寶寶脂肪和膽固醇，而強加限制，然而脂肪和膽固醇可以促進嬰兒發育和腦神經發展，事實上母乳有一半就是飽和脂肪酸。油脂不僅能提供給寶寶熱量、膽固醇和脂肪（動物油提供飽和脂肪酸、植物油提供不飽和脂肪酸），更能幫助寶寶排便順利不便秘。脂溶性維生素（A、D、E、K）也需要油脂幫忙。

開始吃副食品時，喝奶或母乳的量就會減少（因為奶粉和母乳都有適當的油脂），加上纖維質的增加，寶寶便秘的機會就會大幅增加，建議媽媽要慎選好油。

當然！每個寶寶的體質不同，有些寶寶只需要肉類中含有的油脂就夠，有些寶寶一定需要額外添加才夠，建議可用大便的狀況來判別，當油脂吃太多時，寶寶的便便會呈現水狀或稀糊，此時可減少一些油的給予。

如果發現食物中的油脂量不足寶寶身體所需時，先從 1 茶匙的油開始加入食物泥或副食品中，再從寶寶便便的狀態去增加茶匙量。

副食品中也可適時添加好油。

Q：寶寶可不可以吃鹽？

A 0 ～ 12 個月建議鈉含量需少於 400mg，12 個月 ～ 3 歲需少於

父母對副食品的謬思

800mg，換句話說，1 歲以下的孩子並不需要額外攝取鹽分，1 歲以後的孩子一天可攝取 1 ～ 1.5g（扣除食材中的鈉）的鹽。

也許你會說：那我不要給孩子吃鹽就好啦！對於大人的飲食常常是含鈉量過高，所以大人要盡可能少鹽飲食，然而孩子則因為活動量大、排汗量也大，鈉會隨著汗水不斷被排出，所以必須適當攝取鹽分，避免無鈉飲食。

1 歲以後的孩子可以適時補充少量鹽。

Q：幾歲可以吃蜂蜜？

A 寶寶腸胃功能尚未發育成熟，所有食物都應該經過殺菌。會建議 1 歲以下嬰兒應避免吃蜂蜜，並不是蜂蜜本身不適合小孩或不好，而是市面上假蜜眾多，媽媽有可能買到假蜜或是製成有問題的蜜，加上在蜂蜜保存上如保存不當，很容易有黴菌、肉毒桿菌等汙染造成神經毒素中毒。

Q：幾歲可以開始在副食品中加入中藥？

A 中藥是華人五千年來的智慧，在西醫引進以前，無論男女老幼都是使用中醫醫病，本草綱目中有 1892 種，裡面也有非常多適合嬰兒的天然草藥，多注重寶寶的體質和選擇平和的天然草藥、動物之類的中藥，中醫較接近食補，所以是以和緩方式調養身體。中醫和西醫各有其利弊，我們應採用急病找西醫，平時用中醫食補，才能達到取其利避其害。

1 歲後可以溫和地使用中藥給孩子平日補身，但要先洽詢中醫師，了解孩子的體質是如何？該如何使用中藥。

舉例來說：九尾草熬湯、四神湯可以開胃；川貝燉冰糖水梨可以化痰；枸杞切碎可以加入副食品，可明目安神，去風治虛等。

以我自身經驗，鈞一歲後如果剛開始感冒，我會給他葛根湯。

Q：製作一星期的冰磚，食物會不新鮮嗎？ 我真的要餐餐現做副食品嗎？

理論上，冷凍食品比放置隔夜的菜餚還要衛生營養。冷凍食物在烹煮完後立即將新鮮和營養保存在極低溫環境；相反的，隔夜菜受過口水或其他器皿的汙染，加上放置在適當的溫度下造成細菌繁衍與化學作用，營養也流失殆盡。

食物保存要記住一句話：熱者恆熱、冷者恆冷。

食物在煮沸後，營養會隨著降溫的過程逐漸流失，快速降溫可以保存絕大多數的營養，假如降溫過程緩慢，長時間處於危險溫度帶（7～60℃）容易造成細菌的快速增生，比方說食物煮沸後在降溫過程中如遭到腸炎弧菌的汙染，12～18 分鐘就會增生一倍。就算再次加熱殺菌，但是在化學作用下，食物早已經變質。

所以副食品在烹煮完後，應該要快速降溫後分裝冷凍保存，一樣能給寶寶吃到營養。

如果媽媽有能力，餐餐現做是最新鮮好吃，只是媽媽平日要忙的事情非常多，鈞媽主張與其花太多的時間在副食品身上，不如多花時間在陪伴孩子。

快速降溫冷凍保存，一樣能保有食材營養。

Q：豬高湯喝多會腎結石嗎？會重金屬中毒嗎？

每 100 克大骨熬煮 60 分鐘後釋放的鈣含量約 9mg 左右，然而 0 ～ 6 個月的寶寶一天所需鈣質為 300mg，7 ～ 12 個月的寶寶一天所需鈣質為 400mg，1 ～ 3 歲的寶寶一天所需鈣質為 500mg（資料來源：衛生福利部），

從以上數據就可知，就算一整天將大骨湯當成水灌，也很難腎結石。最主要的兇手並非大骨湯，而是媽媽害怕寶寶所攝取的鈣質不足，每日給予嬰兒過多的鈣片，事實上嬰兒除非飲食失衡，鈣片的給予其實是增加寶寶的身體負擔，大骨湯只是無辜受累。

每 100mg 大骨湯有 18mg 的鈉，3 歲以下寶寶一天攝取鈉的上限值為 800mg。大骨湯真正的功用是取代鹽、味精和人工添加物，提升食物的美味，讓寶寶增加對副食品的喜愛度，大骨湯中也含有微量的鈣和礦物質、蛋白質，是屬於天然食物的一環，而且大骨湯的味道些微接近奶味，很受孩子的喜愛，你可以納入高湯的選擇之一，不需要將大骨湯剔除。

網路上有醫師專家說：研究報告顯示只要是哺乳類，豬隻體內鉛都會沉積在骨頭中。假設是真的，但是你不會把骨頭磨成粉吃下去，然而骨頭中的鉛或重金屬是非常不容易被溶入水中，即使是被重金屬或重金屬飼料所嚴重污染的豬，熬出的重金屬也是非常非常微量，屬於人體可容許值會被自然排泄。

鈞媽不是該報告的研究者，所以無法得知研究報告的採樣從何而來（有些文章的內容甚至是引用大陸論文和大陸豬隻採樣），鈞媽相信還是要先了解研究的採樣報告來源，且要優先探討重金屬或鉛是從哪裡進入豬的體內，假設豬農使用了含重金屬的飼料、環境、水源等，有這樣的結果也不意外，只是你不能否認有很用心的豬農會注意豬隻飼養環境、食物、飲水、空氣是無污染和擁有獨到的飼養經驗，能養出無重金屬的優質豬隻與骨頭，身為消費者的你慎選食物來源比過度恐慌還來得重要。

現在台灣多數牧場或大型牧場都是給自家的豬吃自製飼料，加上會注意豬隻的生活環境、飲水、健康、空氣，政府對豬隻會嚴格管控養殖及屠宰、檢驗，多數的豬肉都比你想得還健康，骨頭也是。

健康無毒的豬骨湯可為副食品增添美味。

在台灣有很多畜牧場有著長年的經驗，知道該如何養出健康又無毒的豬，你只要細心尋訪，不迷信大品牌，還是能夠找到可以安心吃的豬肉。

骨頭只要不新鮮或腐敗，就會散發腥味，建議買冷凍的骨頭、排骨（表示屠宰完立即冷凍），或是清晨六點至一般豬肉攤買新鮮的骨頭、排骨。寫到這邊，也許你會誤以為鈞媽一味要大家煮骨頭高湯。

再怎麼美味的食物都有吃厭的一天，更何況為了營養均衡，建議媽媽還是嚐試熬煮蔬菜高湯、雞湯、魚湯，甚至是豬肉湯、排骨湯等等，讓寶寶享受不同的美味湯底。

柴魚昆布高湯
做法請參見 P75

蔬菜高湯
做法請參見 P77

魚高湯
做法請參見 P75

豬骨高湯
做法請參見 P77

小魚乾高湯
做法請參見 P75

排骨高湯
做法請參見 P77

父母對副食品的謬思

製作副食品注意事項

寶寶為什麼要吃副食品？

剛出生時，寶寶必須要靠母奶或配方奶當成營養和成長的來源，然而隨著月齡的增長，單靠流質的母奶或配方奶開始不夠，這時母親就得將天然的食物蒸煮熟，且為了讓寶寶好吞嚥將食物處理成適合入口的狀態，像是打成泥、切小丁等，因為對 1 歲前的嬰兒而言，乳品還是主食，所以乳品以外的食物就稱為副食品。

副食品會隨著年齡有不同的型態，從泥狀→半固體→固體，依寶寶對食物的接受度而改變型態。從 3 ～ 4 個月開始，寶寶會開始學習吞嚥副食品，媽媽必須將食材打成水分較多的泥狀，且要注意需用機器打得非常綿密，沒有任何一點顆粒，讓寶寶能順利吞嚥和消化食物，媽媽必須到寶寶開始有咀嚼動作時再緩和轉換成半固體或固體食物。

何時可以開始吃副食品呢？約寶寶 4 ～ 6 個月，開始流口水、厭奶、作息不穩（小睡一下就起床哭肚子餓、半夜起床哭肚子餓要喝奶等），當產生這些現象時，表示乳品所能提供給寶寶的熱量已經不足以應付身體所需，或是他不願意喝奶（厭奶）導致很短時間就肚子餓，就可以適時提供副食品給寶寶。

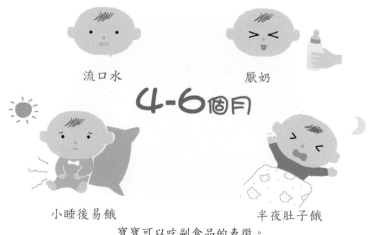

流口水　　　　　厭奶

4-6個月

小睡後易餓　　　　　半夜肚子餓

寶寶可以吃副食品的表徵。

副食品製作原則及注意事項

選用天然原味食材

1歲前嬰兒要吃食物原味,用天然的蔬菜、水果、穀類、豆類等,不要因為寶寶厭食不想吃就開始濫用調味粉、醬油。

寶寶副食品製作有二個注意事項:

- **採用甜度較高的蔬果**:寶寶的味覺完全成熟是在兩歲,而甜的味覺會優先發育,在製作副食品時,可以優先選用甜味高的蔬菜水果,例如:南瓜、地瓜、蘋果、香蕉等。

製作時可優先選用甜味高的食材。

- **將泥打得非常滑順**:剛開始從乳品進入副食品階段時,寶寶還在練習吞嚥,所以食物泥必須打得非常滑順,沒有任何一點顆粒,建議媽媽在製作食物泥時,務必自己吞一口,確認自己吞得下去,不會太黏、太稠或會讓自己噎到。

滑順的食物泥是較佳的副食品。

養成清潔衛生的烹調習慣

小嬰兒的抵抗力較弱,因此廚房的衛生要更謹慎,該如何注意廚房衛生呢?幾個小小撇步提供媽媽注意:

- **生熟食處理器具須分開**:砧板和菜刀最好要有生食專用與熟食專用,家中可以備有 2 ～ 3 副砧板(用顏色區

用顏色區別砧板用途,較為清潔。

別用途）和菜刀，食物還沒煮熟前，都帶有細菌，需經過烹煮後才會被消滅，但是如果砧板和菜刀碰過生食後又去處理熟食，等於又把細菌帶入食物中。

- **注意擦拭用具和手部的清潔**：抹布是廚房不可缺少的幫手，但是不當使用也會是細菌孳生的溫床，建議製作副食品時用廚房專用紙巾取代抹布，用完即丟。在烹煮前，雙手記得用洗手乳或肥皂清潔。

製作副食品時可用廚房專用紙巾，用完即丟。

- **未煮沸／未過濾過的水勿滴入熟食中**：寶寶食物都是需要經過 100℃ 加熱，使用的水盡量是經過煮沸或殺菌過的水，否則可能會帶菌。另外，要注意避免使用飲水機的水，如飲水機長期未清洗或一直恆溫在 70℃ 以下，反而會造成細菌繁殖。

鈞媽 經驗談 經常使用甜味高的蔬果，會不會造成寶寶偏食，只愛吃甜的食物？

寶寶最先接受到的味覺是從母親所攝取的食物開始，在懷孕期間，母親如喜好特定食物，寶寶在出生後易容易偏愛某種味覺。

寶寶先天就喜愛甘甜味，除了身體對於熱量高食物的生理需求，甜也是人最先發育完善的味覺，喜愛甜是很正常，不需要強迫孩子吃不甜的食物，而是應該選擇天然具有甜味的食材，比方說：南瓜、地瓜、香蕉等，避免給孩子人工甘味劑、甜味劑等人造甜。

應避免過早讓孩子接觸人造甜味。

食材選擇、處理及保存、美味秘訣

製作好吃的副食品,並不需要具備多年的廚藝,只需要選擇好食材就足夠。好的食材有天然的甜味和香味,也帶出它的營養價值。以下是台灣常見食材挑選注意、保存及處理注意事項:

蛋

食材選擇 年紀越大的母雞下的蛋越大顆,所以在挑選蛋時要挑選小顆、形狀為完整的橢圓形,蛋殼沒有破裂。建議購買洗選蛋,因為雞蛋上往往有沙門氏菌,未經清洗、殺菌過的雞蛋很容易經由料理過程中汙染食材。

處理方法 有些媽媽會至一般雜糧行購買未經洗選過的雞蛋,回到家再清洗放入冰箱,這其實是錯誤的,除了潮濕反而容易滋生病菌,病菌也容易從蛋殼滲入雞蛋,正確的做法是要料理雞蛋時才清洗雞蛋。蛋如果破裂就直接丟棄,不要覺得可惜而把蛋液收集起來烹煮;無論是否買洗選蛋,在烹煮前都應該要仔細搓洗蛋殼,洗完後再次用洗手乳清洗手部再開始烹煮。

保存方法 買回家後,一顆一顆雞蛋尖端朝下放入冷藏存放。鈞媽實際問過蛋行,蛋行都表示即使放在室溫下存放也是完全沒問題,但是必須考量家中廚房環境,如果廚房一直都是悶熱高溫的狀況,雞蛋不但不會孵出小雞,反而會加速雞蛋的腐敗及增加被老鼠啃咬的機會。

美味秘訣 可以將蛋洗乾淨後放入滾水中，煮成水煮蛋。1歲以下嬰兒只能吃蛋黃，媽媽將蛋黃單獨取出，加開水打成蛋黃泥即可。也可以用分蛋器單獨將蛋黃分離出來，將蛋黃打成蛋液，做成蒸蛋、茶碗蒸或淋在粥或湯上變成滑蛋；而比起水煮蛋，蒸蛋和滑蛋更容易被寶寶腸胃吸收。

將蛋煮成水煮蛋後可取出蛋黃製作副食品。

 魚

食材選擇 如果是挑選溫體魚，要選魚鰓鮮紅、魚眼明亮、魚鱗完整，且魚肉用手壓後必須會彈回來才是新鮮，新鮮的魚烹煮時較沒有魚腥味。挑選原則看起來很簡單，不過魚眼和魚鰓可以靠藥物造假，建議跟信任的商家購買，如果買回家烹煮時發現腥臭味很重，或是有藥水味，則表示魚不新鮮或泡過藥水。另外，盡量不要挑選生物鏈頂端的魚類（例如：鯊魚、旗魚、鮪魚、油魚），越大的魚類表示它將食物鏈底端小魚的重金屬都累積在體內，建議可挑選無毒養殖的魚類。

建議用在副食品的少刺魚類 銀魚、土魠魚、魩仔魚、鯛魚、虱目魚肚等。其實媽媽最常用在副食品是鮭魚、鱈魚，只是考慮到現在海洋的汙染，還是少吃或選擇可信任之來源。

處理方法 處理魚很複雜，連鈞媽都覺得很麻煩，再怎麼少刺的魚類都還是容易不小心把魚刺遺留在魚肉中，刀功不太熟的媽媽可以選擇商家處理好的生魚片、碎魚肉或完全不需要處理的魩仔魚。

（處理整條魚的方法）首先把魚鰭剪掉，將尾鰭修一下避免刺到手，用刮鱗器（湯匙代替）將魚鱗去除乾淨，接著從魚腹（上面有個洞，是魚排便的用）伸進刀子往上切開，切到魚鰓的第二個接口，接著將裡面的內臟全部清除。

處理魚的圖解

準備工具：剪刀、湯匙

❶ 用湯匙從魚尾開始把全身魚鱗刮掉，刮完後用水洗一洗。

❷ 用剪刀從魚腹開始剪開魚身，剪開後將內臟去除掉。

❸ 用水洗淨後就能烹煮或保存。如果買整條魚或一整塊魚肉回來做副食品，建議處理完後，把魚肉蒸熟打成泥，若要給寶寶吃碎魚肉，務必事先用手把魚肉弄碎後再一點一點檢查是否有魚刺。

· 保存方法：假如處理好的魚沒有要當天烹煮，先用餐巾紙將魚身上的水分吸乾後，再用保鮮袋或保鮮膜把魚包起來，一定要完整密封，避免冷凍時將魚的水分帶走。

· 美味秘訣：讓魚少點腥味、更美味的方法是蒸魚時可放入薑片、蔥或豆豉一起蒸，要打泥或分裝時再把薑片、蔥或豆豉丟掉。或是用平底鍋將魚片煎熟，讓魚片有焦香。

（食材選擇）選擇外殼光滑、蝦身緊實、蝦身完整無斷

裂，沒有腥臭味或異味，儘量買完整的蝦回家自己剝殼處理，避免買
到有泡藥水的蝦仁，且選擇可信賴或有生產履歷的商家為佳。

蝦子屬於高過敏源食材，一開始先少量嘗試，並給寶寶吃蝦肉就好，把
蝦頭中的蝦膏去除乾淨，若寶寶有過敏反應，可於 1 歲後再次少量嘗試。

（處理方法）如果是買冷凍蝦，可以放入冷水
慢慢解凍，先去除蝦頭，再去掉背部蝦殼、
蝦腳、蝦尾，再剔掉蝦背的腸泥，剔腸泥時
可以用菜刀切開蝦背再剔掉。

（保存方法）如果是買新鮮的蝦回家後，可以在保鮮袋內裝入蝦子和水
一起冷凍，要吃之前再泡水解凍、剝殼。

（美味秘訣）蝦子是易熟食材，烹煮時一定要最後下鍋，孩子通常都很
喜歡吃鳳梨蝦球，油炸時記得低溫油炸，且不能炸太久，避免蝦肉太
老，如果不喜歡蝦子腥味，就可以選簡單版的蒜蓉蒸蝦，將蒜頭、蔥、
蒜切碎、蠔油、醬油香油各 1 大匙，和蝦一起放入電鍋蒸熟就可以。

（食材選擇）挑選雞肉時，必須看雞肉表面和雞皮是

否粉嫩光滑、無腥臭味，冷凍越久的雞皮會產生越多皺縮。選
擇國產雞肉時，盡可能跟信任的農戶或商家直接購買，烹煮時要注意
有沒有異味；如果是在超市或量販店購買時就要注意包裝上是否貼有
「防檢局屠宰衛生合格」標誌，不需要特別選擇國外進口的冷凍雞肉。

鈞媽經驗談 長輩都說要選仿土雞，口感或肉質上有沒有不同呢？

　　土雞、白肉雞、仿土雞以上三種均為國產雞，媽媽在選副食品時，究竟該選哪一種呢？白肉雞肉質鬆散，吃起來粉粉，肉質無雞的風味，不受到婆婆媽媽的喜愛，製作中式料理的風味也較差；土雞因為養殖期和品種，吃起來肉質較有口感、有彈性、粗纖維多，味道好吃且甜，由於現在速食業的興起，人們多偏好較軟的口感和雞腿肉，不喜歡難以咀嚼的土雞。仿土雞的軟硬度介於二者、有雞的風味、鮮嫩多汁，受到婆婆媽媽的喜愛。

　　鈞媽自己覺得，如果是做食物泥，選擇土雞或仿土雞均可，雞的風味能讓食物泥更美味；如果是做碎料粥，則可以選白肉雞或仿土雞，寶寶更方便咀嚼雞肉。

· 常用在副食品的雞肉部位有：雞胸肉、雞腿肉。

· 處理方法：可以單買雞胸肉、雞腿肉，不需要買整隻雞。雞肉買回家先燙熟、去皮後將肉剝下來，再打成泥或切細後用保鮮袋分裝冷凍。

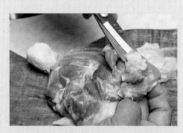

· 保存方法：如果煮熟，用保鮮袋分裝密封放冷凍，一次最多保存 7 天份。假如要保存超過 7 天，整塊雞肉不需要先處理或水洗過，直接用保鮮袋包好放入冷凍保存。

處理雞肉時可先將雞皮及多餘的油脂切除。

· 美味秘訣：品質好的肉品不需要去腥，假如寶寶已經超過 1 歲，可以先用大蒜爆香油後，再將雞肉煎熟。

豬

食材選擇 選擇甜度營養較高的黑豬肉會比白豬肉好，而肉色則以紅色或深紅色為佳，肉質有彈性、沒有腥臭味者，避免選擇肉色看起來偏黑色的肉品，那表示已經不新鮮。台灣對於豬隻的管控非常嚴格，必須經過是國家公立屠宰場屠宰和獸醫檢驗，加上豬隻都有採閹割處理，故豬肉可以說是最適合給寶寶吃的肉品。

豬肉主要部位介紹

部位名稱	介紹	副食品可用階段
後腿肉	瘦肉極多，肥肉少且肥瘦分離，製作副食品可選擇瘦肉部分。肉質較柴，所以坊間在製作料理時，會額外添加肥肉增加柔軟的口感。	食物泥
腰內肉	在豬腰間一小長條的肉，是全瘦肉中最軟嫩的部位。	食物泥、粥、軟飯
梅花肉	瘦肉中帶有油花，是最適合入口的部位，廣泛用在各式料理，對於 1 歲後活力十足的寶寶，梅花肉的油花可以提供給寶寶足夠的熱量，柔軟又好吃。	粥、軟飯、其他料理
胛心肉	又稱前腿肉，肥肉和瘦肉層次分二層，因為帶肉筋，適合做水餃、餛飩、獅子頭等需口感的料理，可以等寶寶年紀較大後再選擇。	軟飯、其他料理
里肌肉	全瘦肉，肉纖維極多，適合用在早餐肉片、炸豬排。打食物泥時需要加較多的水或拉長打泥的時間才能將肉纖維打細。	食物泥
三層肉	肥瘦相間，豬肉是越肥越軟，所以三層肉是所有豬肉最軟的部位。1 歲以後的孩子都非常喜歡三層肉肥肉的口感，且肥肉可以提供足夠的熱量給寶寶，媽媽可用來滷肉或製作其他料理。如果害怕肥肉太油，可以乾鍋小火先把豬肉多餘的油煎出來後再進行烹煮。	其他料理

(常用在副食品的豬肉部位) 後腿肉、腰內肉、里肌肉、梅花肉。

(處理方法) 媽媽可以買細絞肉或肉絲,再用調理機或調理棒打成泥或處理得更細碎。使用調理機或調理棒處理肉類時,應避免用肉片或肉塊,因為肉筋有可能會卡在刀頭或是需用更長的時間才能將肉打成泥或碎肉,讓機器的使用年限縮短。

(保存方法) 最好的保存方式是生的豬肉買回家後,立即用保鮮袋密封壓扁冷凍。如果已經煮熟的豬肉分裝後冷凍不要超過 7 天。

肉類可用保鮮袋密封壓扁冷凍。

(美味秘訣) 品質好的豬肉可以直接烹煮,肉質鮮美無腥味。如果媽媽害怕豬肉有腥味或希望豬肉更美味,在豬肉退冰後可以先將流出的血水倒掉,先用蒜頭或蔥爆香油後,將肉炒熟再用調理機做成副食品。很多媽媽會

清洗過的肉品要立刻烹煮。

害怕從傳統市場買回來的肉不乾淨,將生肉用自來水清洗,然而用水清洗會加速肉的腐敗,所以洗完一定要立刻烹煮,或是用滾水汆燙,將肉表面的血水和髒污洗掉,汆燙過的水要倒掉不使用。

鈞媽經驗談 **豬骨汆燙時間需要多久呢?冷水入鍋汆燙還是熱水?**

汆燙豬肉或豬骨時,豬骨可以放入冷水中一起加熱至水滾。豬肉要等水滾後才能放入,過水後就可撈起。豬骨要汆燙至完全無血水,骨頭上沾附的肉要完全熟透為止。

豬骨則要汆燙至完全無血水熟透為止。

主食 　　　　　　　　　　　　　　　蛋白質

豆類

（食材選擇）選擇顆粒圓潤、沒有缺角或乾扁，而且是非基因改造的豆類。現今並沒有肉眼辨認基改或非基改豆的方法，所以購買來源要選擇可信任商家。以營養學的角度，豆類可分成當主食類（澱粉含量高）的紅豆、綠豆；當成蛋白質主要來源（植物性蛋白質高）的黃豆、黑豆；當成蔬菜類則是四季豆、長豆。

（副食品常用豆類）米豆、紅豆、綠豆、皇帝豆、黃豆、豌豆、毛豆、鷹嘴豆、紅扁豆等。

（處理方法）在寶寶吃動物性蛋白質之前，豆類是最佳的植物性蛋白質來源。在烹煮豆類時，前一天需要先泡水，讓豆類吸水，隔天烹煮時稍微搓洗豆子後，撈除浮在水面上的殼，會更快速煮熟且綿密。網路上多數建議媽媽豆類去掉外膜可以防脹氣，這點其實沒有營養師或醫師給予證實。豆類泡水（或熱水）才是防脹氣最好的方法，不過去掉薄膜可以將泥打得更綿密，讓寶寶好消化。

（保存方法）放入密封罐內密封，放在陰涼的地方避免陽光直射。

（美味秘訣）豆類易脹氣，且有些豆類的氣味並不是很好聞，在製作副食品時，豆類的份量要少一些，避免寶寶排斥。另外，豆類催芽可以吃到更多的營養。

用不完的豆子可放入密封罐內密封。

蔬菜〔葉菜類〕

食材選擇 葉菜類看葉片尾端是否開始黃化
或葉面是否乾黃，就能知道是否新鮮。葉菜
類本身容易老化，買回家後，盡可能 1 至 2 天內
吃完，不要一次買太多。最好選擇當令蔬菜，除了產量大價格便宜，
也表示不需要太多農藥就能長得好。

副食品常用葉菜類 菠菜、青江菜、地瓜葉、莧菜、小松菜等。

處理方法 先將蔬菜浸泡在水中，再用流動的
水仔細清洗蔬菜即可，不需要再用蔬果洗潔劑
或其他方式清洗，避免沒能將洗潔劑或其他物
質洗淨而有殘留。或是用汆燙肉類的方式一
樣，用熱水快速汆燙蔬菜後撈起，把汆燙過後
的水倒掉。

蔬菜應以流動的水清洗
較為安心。

保存方法 生鮮的葉菜類，將腐敗的葉菜去除，用報紙（白報紙）或
紙袋包起來，放在蔬果保鮮室或冰箱的最底層。

美味秘訣 蔬菜最好是當天製作、當天食用完畢。若要冷凍保存，可
事先將葉菜類打成泥，用保鮮盒或冰磚立即冷凍，最多只冷凍 7 天份，
取出蔬菜冰磚直接加熱或煮粥。如果寶寶可以吃細小顆
粒食物時，將葉菜切碎，應當天食用勿分裝
冷凍，且避免跟其他食材一起蒸煮，應該
是單獨用水汆燙或煮到所有食材快熟時再
加入葉菜類。

可將蔬菜打成泥製作成
冰磚備用。

蔬菜〔結球類〕

食材選擇 外觀形狀完整，外面葉片沒有枯黃或腐爛。結球類中的高麗菜在一般超市或攤商販賣時，為了讓賣相好看不停將外葉剝除，所以媽媽應該選擇較大顆，球體蓬鬆不密實為佳。

副食品常用結球類 高麗菜、萵苣。

處理方法 不需要一片一片撕下來洗，假設當餐只需烹煮半顆高麗菜，只需切半顆清洗，剩下半顆包好後放回冰箱底層冷藏。

結球類烹煮時可依當餐所需份量切下來使用。

保存方法 用密封袋或保鮮膜將結球類蔬菜包起來，放入蔬果保鮮室或冰箱底層。

美味秘訣 結球類蔬菜需要煮得更軟，寶寶才好入口吞嚥，所以一開始就可以直接切碎或打泥分裝，烹煮時直接和米或其他食材共同烹煮，與葉菜類的料理方式不同。

蔬菜〔根莖類〕

食材選擇 挑選外表完整，沒有受傷、腐臭味，也沒有發黴、裂傷等狀況，同時要注意外表是否有很多黑點，或是發芽現象。

（副食品常用根莖類）馬鈴薯、紅蘿蔔、地瓜、洋蔥、白蘿蔔。

（處理方法）根莖類很難熟透，所以在料理根莖類時，必須打成泥或將顆粒切得比蔬菜類或五穀類更細小。削皮可以幫助泥打得更細緻，所以用削皮刀削皮時，只要削薄薄的一層起來即可。

（保存方法）根莖類會從內部開始腐爛，如洋蔥如果腐爛，外表看不出來，並且會從內部開始長蟲。馬鈴薯在農民採收後，都會放在冷藏低溫保存，如果放在常溫很容易就發芽。所以根莖類正確的保存方式應該是放在冷藏。

（美味秘訣）用瓦斯爐烹煮時，必須在高湯滾後，先放根莖類入湯中烹煮到熟軟再放入其他食材一起烹煮。

| 鈞媽
經驗談 | 馬鈴薯發芽還可以吃嗎？ |

　　近年媽媽們流行幫植物催芽，像黃豆催芽可增加維生素 A、維生素 C，蒜頭可產生抗氧化物，地瓜發芽吃了也沒有任何傷害。唯有馬鈴薯，屬於茄科植物，發芽時會產生茄鹼，導致人體產生急性中毒。有婆婆媽媽怕浪費，認為把發芽地方挖掉就可以繼續吃，這是很危險的，因為發芽後，茄鹼就佈滿馬鈴薯，只要有看到些微芽眼最好整顆丟棄。

全穀

食材選擇 米要挑選色澤大小均勻、顆粒飽滿，米粒呈半透明，少有白色，少有碎米、變色、粉狀，如果很多就表示品質很差。也要注意產地、有效日期、生產期別、碾製日期，挑選品牌和選擇台灣的優質米。全穀也要挑選形狀完整。

副食品常用全穀類 白米、糙米、胚芽米。

保存方法 全穀或米最佳的保存溫度是 5 ～ 20℃，傳統是將米放入米甕，置於廚房陰涼處保存。只是台灣氣候高溫潮濕，放沒多久就會開始長米蟲或發霉，建議米要少量購買，並於開封後放入密封罐或保鮮盒中，放入冰箱底層冷藏。

處理方法 副食品需要將全穀類打成泥或煮成粥，讓寶寶好吞嚥。

美味秘訣 平日可以先將全穀、白米清洗、浸泡、瀝乾後，分裝成一小包一小包放在冷凍庫，烹煮前再拿出來使用。冷凍可以破壞米的組織，煮出來的飯或粥就會更糊爛，呈現無米粥的口感。

將米冷凍後再烹煮，可呈現無米粥的口感。

鈞媽經驗談 長米蟲的米還可以吃嗎？

吃有米蟲的飯是妳我從小的記憶，每次洗米時都必須很認真泡米，讓米蟲浮在水面後把水倒掉。吃有米蟲的飯，對人體的確不會有任何傷害，但是米之所以會長米蟲是因為米處於溫度、濕度高的環境中而孵化增生，毒菌真菌也會在同樣環境產生，如米未經過100℃蒸煮就容易使寶寶生病。

菇類

食材選擇 如果要挑選乾燥香菇，要挑選有明確標示產地的菇，近年來越南、大陸、韓國等都有菇類進口，但是品質最佳的還是台灣菇。台灣菇香氣濃郁，菇柄長超過 1 公分、菌褶呈淡黃色、菇傘乾燥。大陸菇傘柄極短、濕氣重較軟。另外，價格是最重要的指標，台灣菇價格高，每斤必定破千，且年年升高。

新鮮香菇要挑選外觀完整、菇傘飽滿，菇傘的捲曲度越接近菇柄，就表示較年輕可口，記得拿起來看一下是否有轉黑或深咖啡色，甚至部分腐爛就表示保存不當。另外，白色菇類要小心有漂白，所以要拿起來聞一聞，選擇沒有洗過甚至有帶土的白色菇種。金針菇要挑選沒有二氧化硫染過色、沒有異味。

副食品常用菇類 香菇、秀珍菇、猴頭菇、杏鮑菇、金針菇、白精靈菇等。

保存方法 乾香菇只要放入乾燥劑，放在陰涼的地方保存；新鮮菇類要包上白報紙或紙袋放在冰箱底層（蔬果保鮮室），在 7 天內吃完。

處理方法 新鮮菇類只要清洗就可以烹煮，乾燥的菇類需要先用清洗將表面的灰塵洗乾淨，接著泡在水中讓香菇泡發後再切碎或打泥烹煮。

菇類僅需將表面的灰塵清洗乾淨即可。

美味秘訣 泡過乾燥香菇的水千萬不要丟掉，香菇的香味、營養都在水中，香菇水可以拿來煮粥或打泥，副食品的香氣會更上一層。香菇要避免購買中國的香菇，才能避免將有添加物的菇吃進肚子裡。

食物比例的計算方法

　　媽媽在煮寶寶副食品時，往往分成二派，一派是隨心所欲，按照當天有的食材隨心情烹煮，另一派是斤斤計較，細心計算，每餐仔細計算食材比例及營養成分。

　　前者媽媽的廚藝會決定副食品好不好吃，沒有廚藝經驗的人不容易分辨食材之間是否搭配、好不好吃，且容易某部分食材吃太多，但是如果是有廚藝經驗的媽媽就能很輕易煮出好吃的副食品。後者雖然能計算出寶寶吃下去的營養比例，但是很難煮出好吃的副食品，因為好吃的料理往往跟比例沒有太大關係。二者均有利弊，要怎麼取其利避其弊呢？

營養師算法

以下先看營養師的算法：

全穀根莖類

1 份主食

= 1/4 白飯　　　　　　= 50g 白飯

= 110g 南瓜（生）　　=半碗五倍粥

=半碗熟麵條　　　　　= 55g 地瓜（生）

= 90g 馬鈴薯（生）

4 份主食

= 1 碗白飯　　　　　=半杯米

= 80g 白米 　（綠豆和紅豆相同算法）。

蔬菜類

1 份蔬菜

= 1 碗熟蔬菜 = 100g 蔬菜（生）

（八分滿）

  肉魚蛋類

30g 熟的瘦豬肉（生的是 35g）

= 35g 生牛肉 = 30g 雞胸肉（生）

= 1 顆雞蛋 = 半盒豆腐 140g

🍌 **手掌估算法**

　　比較簡單的算法是用手掌估，中間三指加起來的面積就是 1 份，假設一條跟手掌一樣大的生魚，就大約有 3 份，不過因為每個人都手都不一樣大，還是用重量算比較恰當。

手掌估算法，中間三指加起來的面積就是 1 份。

水果類

　　簡單的水果算法，1 碗就是 1 份（八分滿），

只有香蕉是例外，香蕉半條就是 1 份。

油脂類

1 份油脂＝ 1 茶匙油 ＝約 5g

所以媽媽就可以從以上的算法來估算給寶寶吃了多少份量的副食品，接著從寶寶的體質來調整份量。舉個例：

假設我今天給寶寶吃了：

半碗飯＝ 2 份

生蔬菜 100g ＝ 1 份

熟肉類 30g=1 份

如果寶寶開始便秘，且水喝不夠，則會建議減少蔬菜的份量、多喝水、添加油脂等。

若寶寶便秘，可考慮減少蔬菜份量、多喝水、增加油脂等。

重量估算法

之前有位媽咪在臉書上問我，該怎麼按照比例又好吃，我就直接回覆他：不是不可能做到，只是沒有烹煮經驗的媽媽較難達到。再加上營養師是以健康的計算方法計算食物熱量，可是寶寶需要更多的熱量和蛋白質，多數 1 歲以後的寶寶都很愛吃肥肉，也很符合寶寶熱量的需求。一般計算方法只能讓寶寶健康，卻很難胖。

另一種計算方法

每公斤體重 * 8g = 1 天所需肉量

假設孩子體重 9kg，即表示一天可吃 72g 的生肉，3 歲以下的寶寶一天最多不要吃超過 100 ～ 150g 的肉。

假設寶寶一餐吃 300ml 的泥，將熟食材加入等量的水打成食物泥後，搭配成比例 2/4 的澱粉（穀類加根莖類）= 150g，1/4 蛋白質 = 50g，1/4 的蔬菜 + 水果 = 50g。

在澱粉給予部分，是將澱粉和根莖類搭配或白米搭配胚芽米等，鈞媽認為著重在澱粉和蛋白質的給予，是最能給予寶寶熱量、飽足感，也是最能將寶寶養胖的比例。

另外，有部分媽媽打食物泥時也常參考「百歲醫師」的做泥比例，即澱粉：蛋白質：蔬菜：水果＝ 3：3：3：2（請用食物煮熟的體積份量計算）。

不過，還是會建議媽媽一定要視自己的寶寶身體反應、體重增加去更改成自己的比例。

舉例來說：便秘時可以增加水分或減少給予蔬菜水果、增加油脂，脹氣要減低豆類給予，體重增加緩慢要增加蛋白質或澱粉，大便黏糊則要減少蛋白質或澱粉等等。

易過敏食物概略介紹

　　寶寶從 4 個月開始嘗試副食品，每樣食材均要嘗試 3 ～ 7 天，確認沒有過敏才能再繼續嘗試下一樣，過敏的反應不會只有單純一個部位起紅疹，常見過敏會伴隨全身紅疹、皮膚癢、眼皮嘴巴手腳水腫、腹瀉、嘔吐、流鼻水、鼻塞、流眼淚，長時間咳嗽無法痊癒等。

　　過敏並不會全部的症狀一起出現，有時只會出現幾項，也會視吃的量多寡有不同反應。鈞媽有個朋友的孩子，吃少量南瓜時並不會過敏，但是只要吃超過一定的量就會過敏。另一個朋友的小孩則是，從 2 歲開始天天早上喝一瓶鮮奶，卻逐漸發生氣管過敏，咳嗽流鼻水都要非常久才會痊癒，直到 3 歲就診時醫師抽血才發現是對鮮奶過敏。

　　不過，建議媽媽還是要多方嘗試給寶寶嘗試各種新食物，除了增加身體對食物的適應性外，也能讓寶寶攝取更多元的營養。

　　一樣食物如果確認寶寶會過敏，則建議下個月再試一次，畢竟這階段會過敏的食物並不代表之後就不能嘗試和添加，必須連續 3 個月都過敏，往後再暫時避免吃這項食物。建議媽媽要仔細記錄寶寶吃的食物，才能準確找到會讓寶寶過敏的食材。

易致敏食材

　　根據最新的研究，延後給予過敏食物不會減低過敏的可能，但若寶寶嘗試過易過敏食材後有過敏現象時，可參考下面的建議給予。

　　也許你會問：咦！那個××蔬菜，網路不是說是過敏性食物嗎？為什麼鈞媽沒有列，是這樣的，每個小孩的過敏食物均不同，有孩子從 6 個月就開始吃洋蔥也不過敏，有孩子 1 歲還對南瓜過敏，所以鈞媽僅羅列較常見的過敏食物。

全穀類

· **燕麥、大麥、糙米、麥麩**：建議 1 歲後才食用。

· **小麥（麵粉）製品**：建議 8 個月後再食用。

蛋

· **蛋白、乳製品**：建議 10 個月至 1 歲後才食用。

肉類

· **肉類**：嘗試順序建議從雞（雞胸肉）→豬肉（後腿肉／腰內肉）→牛肉，寶寶可於 6 個月後逐步嘗試。

帶殼海鮮

· **蝦子、貝類、螃蟹、油魚**：建議 1 歲後再少量食用。

· **魚類**：建議 8 個月後再嘗試。如果寶寶是過敏體質，建議 1 歲後再嘗試魚類。

豆類

· **蠶豆**：均避免食用。

· **豆腐**：雖然衛福部的嬰幼兒飲食建議是 7 ～ 9 個月可食用，但是豆腐是加工品，有較多添加物，建議越晚食用越好，故建議媽媽不妨等寶寶 1 歲或更大後再行嘗試。

· **洋蔥、玉米、番茄**：8 個月後少量開始嘗試。

· **大蒜**：1 歲後再開始嘗試。

水果類

· **帶毛的水果，如桃子、柑橘類、草莓、奇異果**：
  1 歲後再少量嘗試。

· **芒果、櫻桃、椰子等**：1 歲後再少量嘗試。

其他

· **蜂蜜**：蜂蜜含水量少，可能藏有大腸桿菌，1 歲以下寶寶抵抗力不足容
  易造成感染。

應避免給寶寶吃的食物

· 糖精、人工甘味劑、阿斯巴甜、高果糖玉米糖漿、
  人工色素、人工添加物、餅乾、糖果、防腐劑及
  巧克力等，這些食物或添加物除了造成身體負擔，
  也會惡化過動症（ADHD、ADD，醫學上並沒有
  辦法證實是這些物質導致過動症，但是惡化是無
  庸置疑）

應避免讓孩子食用過
多的甜食。

· 咖啡、茶等刺激物，也應避免寶寶食用。

易致敏食物表

食物種類	食物舉例	建議食用月齡
全穀類	・燕麥、大麥、糙米、麥麩	1 歲後才食用
	・小麥（麵粉）製品	8 個月後再食用
蛋	・蛋白、乳製品	10 個月至 1 歲後才食用
肉類	・雞（雞胸肉）→ 豬肉（後腿肉／腰內肉）→ 牛肉	6 個月後逐步嘗試
帶殼海鮮	・蝦子、貝類、螃蟹、油魚	過敏體質，1 歲後少量嘗試
	・魚類	8 個月後再嘗試
豆類	・蠶豆	避免食用
	・豆腐	1 歲或更大後再行嘗試
蔬菜類	・洋蔥、玉米、番茄	8 個月後少量開始嘗試
	・大蒜	1 歲後再開始嘗試
水果類	・帶毛的水果，如桃子、草莓、 奇異果、柑橘類	1 歲後再少量嘗試
	・芒果、櫻桃、椰子	1 歲後再少量嘗試
其他	・蜂蜜	1 歲以上

三階段副食品製作 DIY，
液體 → 泥狀 → 固體食物

全穀——米

4～6 個月	7～9 個月	10～12 個月	1～2 歲
米泥	八倍粥	較顆粒的粥	軟飯

根莖類——紅蘿蔔

4～6 個月	7～9 個月	10～12 個月	1～2 歲
紅蘿蔔泥	紅蘿蔔泥	紅蘿蔔碎料	紅蘿蔔塊狀

雞蛋

4～6 個月	7～9 個月	10～12 個月	1～2 歲
蛋黃泥	蛋黃泥、滑蛋、蒸蛋	蛋黃泥、滑蛋、蒸蛋	全蛋 (炒碎蛋、水煮蛋、荷包蛋)

魚肉——白魚、紅肉魚

6 個月	7～9 個月	10～12 個月	1～2 歲
魚肉漿	魚肉泥	魚肉細絞肉	魚肉丁

肉 ——牛肉、豬肉、雞肉

6 個月	7～9 個月	10～12 個月	1～2 歲
肉漿	較細肉泥	較粗肉泥	細絞肉 (絞2－3次)

豆類 ——米豆

4～6 個月	7～9 個月	10～12 個月	1～2 歲
細豆泥	粗豆泥	細豆的碎料	粗豆腐、豆的碎料

蔬菜類 ——綠色蔬菜、結球類

4～6 個月	7～9 個月	10～12 個月	1～2 歲
細菜泥	粗菜泥	青菜切碎	菜切小塊狀

水果類 ——果肉甜、汁較多的水果

6 個月	7～9 個月	10～12 個月	1～2 歲
細果泥	果肉丁	水果切片、果丁	水果切塊狀、條狀

天然調味料 · 天然美味秘訣

寶寶的副食品不宜添加過多的調味料,那麼如何提升副食品的美味呢?鈞媽的方法是自製天然的調味,將柴魚、海藻、香菇、堅果、魚、芝麻的香氣融入料理中,既可取代鹽及味精又可增加鮮味,勾引出寶寶的好胃口。

柴魚粉

Tips

柴魚也可以搭配海帶芽或香菇,變成柴魚海帶粉或香菇柴魚粉。

海藻粉

Tips

也可以搭配少許柴魚片一起打成粉變成香菇柴魚粉。

香菇粉

柴魚粉 ────────────────────────○

作法：柴魚有濃郁的香氣，加入海鮮或魚類副食品可以掩蓋腥味、增加
　　　鮮味，乾燥狀態直接用調理機打成粉。

保存：放冷藏保存。

使用：要用時可以加入一點點提味。

海藻粉 ────────────────────────○

作法：將海帶芽或海帶曬乾後，用調理機打成粉。

保存：用密封罐封起來放在冷藏存放。

使用：煮粥、飯或泥時，可以放一點點取代鹽。

香菇粉 ────────────────────────○

作法：將乾香菇用流動的清水輕微洗過後，以餐巾紙擦乾、晾乾，用
　　　調理機打成粉狀。

保存：用密封罐封起來放在冷藏存放。

使用：煮粥、飯或泥時，可以放 1/3 茶匙取代鹽。

天然調味料 · 天然美味秘訣

黑／白芝麻粉

Tips

黑芝麻本身有點苦味，加入黑糖可以中和苦味。

魚粉

Tips

魚本身帶有天然的鹹味，對寶寶而言是最適合取代食鹽，可選擇鯽仔魚、丁香魚。

松子粉

黑／白芝麻粉

作法：直接使用黑／白芝麻，加入黑糖後，先用炒菜
　　　鍋輕輕乾炒，再用調理機打成粉。

保存：分裝放入冷凍。

使用：黑／白芝麻非常的香，使用在食物泥／粥／飯
　　　上非常營養又開胃。

可加黑糖中和味道。

魚粉

作法 1：將魚小火炒乾後，用調理機打成粉。

保存：分裝冷凍。

使用：煮粥／飯時可以取代海鹽。

作法 2：將魚用餐巾紙擦乾後，將整隻油炸後瀝乾，再用調理機打成泥。
　　　　魚粉放冷藏約 2、3 天，超過 3 天就要分裝放冷凍。

保存：分裝冷凍。

使用：煮粥／飯時可以取代海鹽。

松子粉

作法：先將炒菜鍋擦乾後，小火熱鍋，把松子放進鍋中輕輕乾炒，炒
　　　到松子表面有點黃後起鍋，一用調理機打成泥、或放入保鮮袋
　　　用桿麵棍壓成粉。

保存：分裝放入冷凍。

使用：放入粥或食物泥中非常的香甜，且松子擁有豐富營養，是非常
　　　好的副食品食材。

天然高湯。天然美味秘訣

為什麼要熬高湯，直接用水煮副食品不行嗎？自來水含氯，有些微消毒水味，喝起來有著澀澀的味道，拿來煮副食品，不容易讓寶寶青睞。熬煮高湯可以將蔬果肉類本身的營養和甜味熬入湯中，成為天然的香味和提味劑，不需要加鹽就能讓副食品充滿好吃的味道，讓寶寶開胃一口接一口吃。

小魚乾湯

Tips 對魚高湯的疑問

熬魚高湯要選用哪種魚才好喝？

虱目魚是台灣常見的魚類，含有豐富的維生素 B_2、A、E、鈣質等，是營養多多的湯頭，只是要注意虱目魚脂肪是高普林食物，不能攝取太多。也能選用白肉魚，請攤販幫你把魚肉和魚骨分開，熬湯可以連肉和骨頭一起下去熬。

Tips 對小魚乾高湯的疑問

小魚乾高湯會苦苦的嗎？

小魚乾高湯是需要功夫才能熬得好的高湯，但是富含豐富的鈣質，是道絕佳的高湯。小魚乾不能煮太久，避免湯變成苦的。

魚高湯

柴魚昆布高湯

Tips 對柴魚昆布高湯的疑問

買回來的昆布需要清洗嗎？

熬煮完高湯的昆布可以食用嗎？

清洗昆布的方法：流動的清水輕輕沖洗昆布表面，保留昆布表面的白色粉末，不需要洗得太乾淨，白色粉末是昆布內部的精華分泌（甘露醇），留下來熬湯會更美味。熬煮完的昆布還保有纖維質，可以將昆布切片、切絲後炒菜或加上醬油，又成為餐桌上的一盤配菜。

小魚乾湯

材料：小魚乾 30g、過濾水 2000cc

作法：

1. 先把小魚乾的頭去掉，如太大隻可以切成兩段。

2. 放入炒菜鍋中小火乾炒，不需要加油，只是為了炒出香味。

3. 把炒過的小魚乾放入鍋中，再倒入冷的過濾水 2000cc，開大火煮滾後轉小火，熬煮 20 分鐘即可關火、濾渣。

保存：冷卻後分裝、冷凍。

魚高湯

材料：白肉魚（魚頭、魚骨）600g、過濾水 1000cc、少許薑片

作法：

1. 先將白肉魚（魚頭、魚骨）入滾水中汆燙後撈起。

2. 換新的鍋子，倒入過濾水、薑片、白肉魚（魚頭、魚骨）開大火開始熬煮。

3. 水滾後轉小火，熬 20 分鐘後關火。

4. 冷卻後用濾網將魚肉和高湯分離，留下高湯。

保存：冷卻後分裝、冷凍。

柴魚昆布高湯

材料：柴魚 50g、昆布 50g、過濾水 2000cc

作法 1：

將昆布泡在過濾水一晚，隔天撈起昆布，柴魚放入昆布湯中煮滾後就關火，將高湯過濾後放涼。

作法 2：

將昆布放入過濾水中，開大火煮到快滾時就撈起昆布（要小心昆布燒焦），再放入柴魚煮 3〜5 分鐘後撈起、過濾，湯放涼後分裝冷凍，最長冷凍 7 天。昆布不可以煮太久，否則會有昆布的腥味產生。

保存：分裝冷凍，最長冷凍 7 天。

天然高湯。天然美味秘訣

蔬果高湯

Tips 對蔬菜高湯的疑問

熬煮完的蔬菜還能不能吃呢？

可以的。家中所使用的瓦斯爐火
力是沒有辦法把所有蔬菜的甜度
熬入湯中，因此蔬菜還是有些微
的甜度及纖維質（雖然已經沒有
維生素 C），還是能搗爛給寶寶
吃。

雞高湯

Tips

也可以搭配蔬菜一起熬，蔬
菜要在大骨高湯熬好後再放
入湯鍋一起熬煮 30 分鐘就可
以起鍋。大骨也可以改成排
骨、肉塊或軟骨高湯。

豬高湯

蔬果高湯

在寶寶嘗試過的蔬菜中，挑選甜度高的熬煮高湯，並循序漸進的選擇蔬菜開始熬煮。

材料：

第一輪	高麗菜	第二輪	紅蘿蔔➕高麗菜
第三輪	西芹➕高麗菜➕紅蘿蔔	第四輪	洋蔥➕高麗菜➕紅蘿蔔➕西芹
第五輪	南瓜➕洋蔥➕紅蘿蔔	第六輪	玉米➕高麗菜➕紅蘿蔔➕西芹
第七輪	自由組合有甜味和有香味的蔬菜或搭配肉類一起熬煮		

作法：

1. 將蔬菜在流動的水底下洗乾淨後，切成大塊狀。

2. 每 100g 的蔬菜準備 600ml 的水，假設你要熬煮 1000g 的蔬菜就準備 6000ml 的水，一開始先開大火將水煮滾後，放入蔬菜，水滾後轉小火。

3. 蓋上蓋子熬煮約 1～2 小時，湯頭變成蔬菜的顏色就可以關火。

4. 將熬煮過的蔬菜高湯過濾掉雜質，待高湯降溫放。

保存：分裝，最長可冷凍 7 天。

雞高湯

材料：全雞（也可以使用等重的雞腿和雞胸肉、雞骨代替）600g、過濾水 3000ml，準備兩個湯鍋，其中一個湯鍋容量須超過 3000ml

作法：

1. 準備一鍋冷水，放入雞肉後將水煮滾汆燙，如果怕太油可以汆燙後將雞皮和有油脂部份去掉再熬湯，要注意汆燙時一定要把肉燙熟，汆燙過程可以順便幫雞去油，使得接下來熬的高湯不會很油。

2. 另一湯鍋內準備 3000ml 的水，先用大火將水煮滾後，轉小火，放入一個蒸籠架後再放入雞肉（避免在鍋子底部燒焦），記得蓋上蓋子。

3. 約熬煮 2 小時，中途要注意水是否熬乾，如果水太少可以加水進去，保持約 3000ml，時間到就可以關火。

4. 湯冷卻後，用過濾網將把雞肉和雜質撈起來，剩下來的湯放入冷藏，隔天用撈油匙把上層白色的油撈掉，剩下來的湯。

保存：分裝冷凍，最長冷凍 7 天。

豬高湯

材料：豬大骨 1 副（或豬肋骨 600g）、過濾水 3000ml（購買時記得要買已經對半切好的，熬煮時才能讓骨髓熬入高湯中，如果骨頭上帶點肉會更香。）準備兩個湯鍋，其中一個湯鍋容量須超過 3000ml

作法：

1. 準備一鍋冷水，放入大骨後將水煮滾汆燙，要注意汆燙時一定要把骨頭和肉徹底燙熟，煮至完全沒有血水（紅色的部分）。

2. 準備 3000ml 水放入高湯鍋，先用大火將水煮滾後，轉小火，放入一個蒸籠架後再放入大骨（避免在鍋子底部燒焦），水一定要蓋過骨頭，記得蓋上蓋子。（你也能選擇壓力鍋，壓力鍋只需要 1 個小時就能很快將高湯熬煮為白色。）

3. 約熬煮 2 ～ 3 小時，中途要注意水是否熬乾，如果水太少可以加水進去，保持約 3000ml（水有淹蓋過骨頭），等水變白時就可以關火。

4. 湯冷卻後，用過濾網把骨頭和雜質過濾後，剩下來的湯放入冷藏，隔天用撈油匙把上層白色的油撈掉，剩下來的湯分裝。

保存：冷凍，最長冷凍 7 天。

汆燙豬骨圖解

❶ 準備一鍋冷水，放入大骨後將水煮滾汆燙，並煮至完全沒有血水。

❷ 用大火將 3000ml 水水煮滾後，轉小火，放入一個蒸籠架後再放入大骨，水一定要蓋過骨頭，蓋上蓋子熬煮。

❸ 熬煮 2 ～ 3 小時，等水變白時就可以關火。

寶寶營養副食品

- 4～6 個月
- 7～9 個月
- 10～12 個月
- 13～24 個月

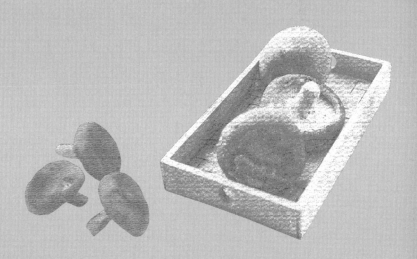

▌第一階段── 4～6個月寶寶副食品

🍌 寶寶的成長與食物的狀態

　　4～6個月的寶寶，剛開始從乳品轉換成接受泥狀物，媽媽要將每樣食材都加水打成泥，用調理機或調理棒打成水稀狀且綿密，完全沒有顆粒和纖維。

　　嘗試副食品時，單樣食材一定要吃 3 至 7 天，確認寶寶不會過敏後，才可以再嘗試下一樣新食材。

🍌 寶寶的第一口食物──澱粉‧米湯

材料：米 1 杯（量米杯）、水 8 杯及 10 杯（量米杯）

步驟：

· 寶寶第一次嘗試副食品最好從白米（澱粉），比例為 1：10（1 杯米加上 10 杯水），用電鍋煮，撈上面的米湯給寶寶喝。

· 測試 3 天確認寶寶不會對澱粉過敏後，用 1：8（1 杯米加上 8 杯水）先煮成顆粒粥，再用調理機／棒打成米泥，米泥可以成為所有食物泥的基底泥。

> **美味 Tips**
>
> · 寶寶此時剛從乳品轉換成要接受副食品，所以必須將泥打得較稀，濃稠度以能吞嚥為主，接近玉米濃湯。
>
> · 可以隨著寶寶的月齡慢慢將泥越打越稠，煮米的水也可以從 8 杯遞減為 7～5 杯。

4～6個月初次嘗試副食品建議進展

順序／食材	澱粉類	蔬菜類	水果類	植物性蛋白質
第 1 週	米湯：1（米）：10（水） 煮熟打成泥。	×	×	×
第 2 週	將 8 倍粥（1：8）打成米泥， 米泥，再加入紅蘿蔔泥。		×	×
第 3 週	將米泥、紅蘿蔔泥、蘋果泥採 1：1：1 混合成食物泥。			
第 4 週	將米泥、紅蘿蔔泥、蘋果泥、米豆泥混和成食物泥，如果擔心寶寶容易脹氣，冰磚比例可以是 1：1：1：0.5			
第 5 週以後	依寶寶身體反應調整各類比例，例如：便秘但水卻喝很少，可以調降蔬菜類比例；脹氣可以調降豆類。6 個月後改用肉類當蛋白質來源。			

鈞媽
經驗談

為什麼不用糙米做米湯？

糙米的麩質屬於過敏原，且白米對於初次嘗試副食品的寶寶較為溫和好消化，可改用胚芽米或等寶寶 7 個月後再嘗試糙米或燕麥。

如果媽媽有確認寶寶不會對胚芽米或糙米過敏，則可以糙米或胚芽米和白米混合製作米泥。

若確定寶寶不會過敏，可混合不同的穀類製作米泥。

我應該先煮成粥再打成米泥？還是煮成飯打成米泥？

煮成粥可以連同米湯用調理機／棒一起打成泥，煮成飯則需要另行加水或高湯打成米泥。嚴格說，煮成粥比較好，煮粥過程中，米粒在逐漸加熱時，會與水結合，形成澱粉單分子，澱粉呈現溶液狀態時容易被寶寶腸胃吸收，這比單純用飯粒加水打成泥更細緻。

白米泥太黏，寶寶無法吞嚥怎麼辦？

白米煮成飯打泥後，會變得比較黏，除非水加得比較多，否則較難吞嚥，可以把白米和胚芽米或糙米混合，或是白米和米精混和，也可以減少白米的用量，改以地瓜和馬鈴薯補足澱粉的部分。

除了白米，還有什麼穀類適合 4 ～ 6 個月的寶寶？

可以選擇藜麥，藜麥不含麩質，適合剛開始吃副食品或過敏兒寶寶食用，藜麥雖然是植物，卻擁有完全蛋白，具有營養活性，蛋白質含量高達 14%，品質與奶粉或肉質較為接近，含有人體八種必需胺基酸和嬰幼兒必須的一種胺基酸，腸胃容易吸收，富含膳食纖維。

其中所含之賴氨酸，是人體生長、修復與大腦發展必備元素，藜麥含有的任何一種胺基酸只要供應缺乏都會影響免疫系統和致使生病。

藜麥含有鋅元素，是嬰幼兒常缺乏的營養，能促進神經與大腦發展；而鈣、鐵含量也高，因為富含膳食纖維，故低脂、低熱量、低 GI，是非常營養的食材。藜麥分紅、白、黑藜麥，市面上也有分帶殼或去殼，帶殼的藜麥有一些苦味，媽媽可以從去殼藜麥開始嘗試。三種藜麥煮起來，白藜麥較軟、紅藜麥次之，黑藜麥較硬，媽媽可以從白藜麥開始嘗試。

藜麥不需要煮太久，煮太久會致使芽與藜麥分離（藜麥只要煮就會發芽），假如是用電鍋煮藜麥飯，1 杯藜麥加 2 杯水，外鍋半杯水即可。1 歲以下嬰兒藜麥一日食用上限為 5g，1 ～ 3 歲幼兒一日可吃到 10g。

藜麥富含膳食纖維很適合製作初階段副食品。

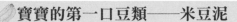 **寶寶的第一口豆類——米豆泥**

材料：米豆 100g、水 100g

步驟：

1. 4～6 個月寶寶必須先從植物性蛋白質開始嘗試，以米豆為例，前一天先將米豆泡水（水要淹過豆子），隔天將米豆薄膜去掉、蒸熟後加水打成泥。

2. 餵寶寶時可以用米泥冰磚＋蔬菜泥冰磚＋水果泥冰磚＋豆泥冰磚。

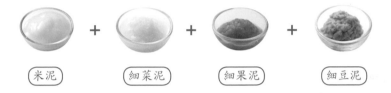

米泥 ＋ 細菜泥 ＋ 細果泥 ＋ 細豆泥

**鈞媽
小秘訣**

· 除了米豆，媽媽也可以選擇皇帝豆、鷹嘴豆、紅扁豆等，如果寶寶因為味道不好不願意吃或脹氣，媽媽可以降低豆類在食物泥中的比例。

· 6 個月前吃的食物要盡量單純，以穀類（白米）、蔬菜／根莖類、水果、豆類（植物性蛋白質為主）為主，並採用原型食物，勿選擇豆腐、豆乾等加工過的豆類。肉類、菇類、全穀、堅果類則會建議滿 6 個月後再行嘗試。

鷹嘴豆、紅扁豆也是可以
讓寶寶體驗的豆類。

各種食材冷凍、保存與加熱秘訣：冰磚製作與運用

食物泥的製作順序

步驟 1 製作基底泥

水要淹過食材較易熟透。

基底泥（米），採用 1：8 煮成粥，打成泥後作成基底泥（每餐副食品都會吃到的泥），接著將根莖類或蔬菜加入淹過食材的水放入電鍋，外鍋放 1 杯水煮熟。豆類放入電鍋煮時，水要淹過豆類，才能確保豆類有熟透。

步驟 2 將少量食材放入調理機／棒裡加水打成泥

煮好的食物約降溫到 70℃左右（不要燙手即可），將熟透的食材和水分分離，食材按分類放入調理機／棒。先放入少量食材，再慢慢加入適量的水、高湯或剛剛跟食材一起煮成的湯，將泥調整成寶寶能接受的濃度。

鈞媽 小秘訣

· 避免一次放入太多食材，造成機器熱當機或無法打得綿密，放入食物泥的水或高湯也是，少量少量放入食材，直到調整成寶寶要的濃度，可以避免不小心把食物泥打得太過水稀。

· 打泥的速度必須要快，機器打泥時，機器會將食物的溫度變高，將泥倒入容器時，溫度就會下降，假設又倒入新打好的泥（熱），在冷熱交錯時間拉長後，容易造成食物腐敗，尤其寶寶月齡漸長，食量漸大，食物泥越打越多後就容易發生這樣的現象。

步驟 3 一種食材製作一種冰磚

　　將食物泥放在電風扇／冷氣底下吹涼後，開始分裝到冰磚盒或離乳保鮮盒，一種食材製作成一種冰磚。放在家用冰箱保存時間最長 7 天。

一種食材製作成一種
冰磚較易保存。

食物泥的加熱秘訣

步驟 1 取出想要的冰磚組合

　　從冰箱取出冰磚盒或離乳保鮮盒，用水沖盒子的外圍，再倒入加熱容器中，可以每餐取出不同的冰磚組合，每餐吃不同的口味。

用水沖盒子的外圍較易
取出冰磚。

步驟 2 加蓋蒸熟

　　放入電鍋加熱時，先放入電鍋蒸籠架，再將容器放在蒸籠架上，容器上面最好加上蓋子，避免外鍋水氣進入容器中，造成食物泥過稀。

**鈞媽
碎碎念**　聽說冷凍食物可以保存 1 個月～半年，
為什麼鈞媽建議只冰 7 天？

- -

　　因為家用冰箱每次一開門，溫度就會大幅上升，食物的表面就會略為退冰，加上冰箱的冷風會逐漸乾燥食物本體和在食物身上產生霜（真空包裝則可以保持物品新鮮和營養且避免產品與空氣接觸）這樣的保存方式會讓食物流失鮮度及縮短保存期限。

外鍋倒入半杯～ 1 杯水，電鍋按鈕按下去加熱，跳起來就有熱騰騰的食物泥給寶寶吃。

食物泥的冰磚運用

寶寶食量少時，可以採取一種食材，做成一種冰磚，每次要熱食物泥時，可以取出幾顆加熱，好處是每餐都能變換不同的口味。

每種食材製作一種冰磚，方便變換口味。

讓冷凍過的副食品跟現煮的一樣好吃

食物烹煮、冷凍後，因為家庭環境無法跟食品工廠一樣，致使食物會大幅降低美味、新鮮及營養，該怎麼保留住食物中的養分和美味呢？

鈞媽碎碎念　食物泥蒸起來太水怎麼辦？

蒸煮食材時，電鍋外鍋放入太多水，導致水氣進入碗中；或是打泥時加入太多水或選擇本身含水量就很高的蔬果（南瓜、高麗菜、洋蔥等）做成冷凍冰磚再加熱就容易產生不被食材吸收、多餘的水，讓食物泥變得很稀。

你可以採取以下幾個做法：

· 加入米精，讓食物泥調整成寶寶需要的濃度。

· 從冷凍拿到冷藏稍微退冰，這時食物泥會變成像海綿蛋糕一樣的團狀，用湯匙輕輕一擠，把多餘的水分擠出來倒掉。

退冰後，可把多餘的水分擠出來倒掉。

技巧 1 烹煮完後快速降溫

食物在烹煮結束後，媽媽會等副食品降溫後再分裝放入冷凍。從高溫 100℃到冷卻的過程中，食物的營養會不斷流失，有害菌也會不斷孳生，致使食物腐敗，所以降溫速度越緩慢，危險性就越高。媽媽在煮完後，建議將副食品放在寬鍋或淺盤中，吹電風扇、冷氣或水中放冰塊隔水將副食品快速降溫。

技巧 2 挑選甜度高的食材

食物在冷凍過後，甜度就會大幅下降，然而甜是嬰兒的罩門，嬰兒最喜歡吃甜了（因為甜的味蕾會優先發展），所以在製作食物泥或粥時，可以選擇地瓜、南瓜等甜度高的蔬菜，或是將冷凍副食品加熱時加入現打水果泥（如香蕉、蘋果等）。

冷凍副食品加入水果泥，即可提升美味。

技巧 3 用食物夾鏈袋或真空封裝

食物之所以會降低鮮度，是因為在冷凍過程，冷風將食物水分帶走、在食物的表面結霜，致使食物變得難吃或乾乾的。製作副食品時，在分裝完後可以在盒子外加一層食物夾鏈袋，或是直接買家用食品真空包裝機，將冰磚真空後再冷凍。

真空後再冷凍讓冷凍副食品保有美味。

食物泥更美味的秘訣

多數的媽媽都會採用懶人法，將食材丟進電鍋直接蒸熟後，用過濾水或煮沸水和食材一起打成泥，一般水有氯的味道，食物泥不夠美味，可以改用高湯取代水，或是將有甜味的食材（地瓜、紅蘿蔔、高麗菜等），加水煮熟，再將含有甜味的蔬菜高湯與食材一起打成泥。

餵食次數、與母乳的搭配

第一次嘗試副食品

一天一次，建議選在喝完奶後一小時，寶寶心情很好時。

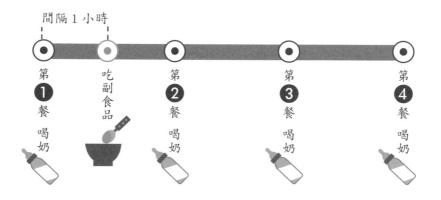

間隔 1 小時

第 ❶ 餐 喝奶　　吃副食品　　第 ❷ 餐 喝奶　　第 ❸ 餐 喝奶　　第 ❹ 餐 喝奶

吃副食品超過 30ml 時

等吃副食品已經可以超過 30ml 時，就能移到正餐跟奶一起吃，第 1 個月 1 天 1 餐副食品，第 2 個月更改為 1 天兩餐副食品、第 3 個月開始就能開始 1 天 3 餐副食品。

喝母奶可以採用先喝母奶，再吃副食品；喝配喝奶可以採用先吃副食品，再喝配方奶。

先喝母奶再吃副食品 ❶

假設媽媽害怕寶寶吃完副食品就不喝奶或喝完奶就不吃副食品，可以間隔 30 分鐘後再吃，保持 1 餐在 1 小時內結束。

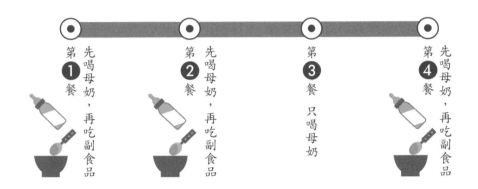

先喝母奶再吃副食品 ❷

另外一種吃副食品的安排方式。

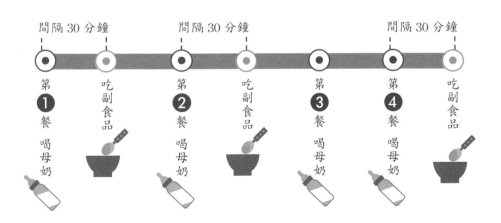

🍌 先吃副食品再喝母奶 ❶

先喝母奶再吃副食品是為了能讓寶寶喝更久的母奶，如果你的寶寶是喝配方奶或你希望寶寶將副食品吃得更好，則可以改成先吃副食品再喝奶。

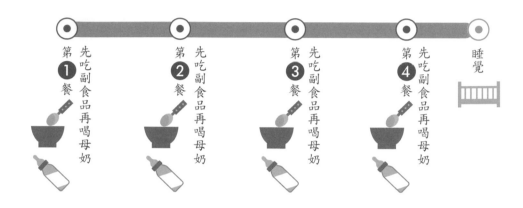

🍌 先吃副食品再喝母奶 ❷

或是你怕寶寶吃完副食品就不喝奶，就能讓副食品和配方奶間隔 30 分鐘，先吃副食品，休息 30 分鐘後再喝奶（保持一餐在 1 小時內結束）。

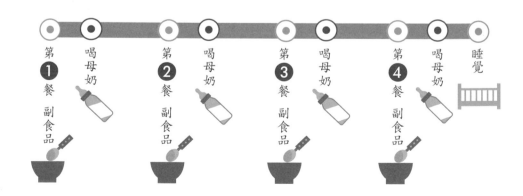

┃鈞媽推薦的 **10** 種營養食材

　　為什麼推薦這 10 種食材呢？在選擇寶寶初次嘗試的食材會以過敏原低、甜度高及一年四季常見的新鮮蔬果為主，給寶寶吃的副食品要以單純、過敏原低為原則。

紅蘿蔔

食材特色

　　紅蘿蔔是低過敏原食材，為台灣常見蔬菜，打成泥也很香甜，是 4 ～ 6 個月寶寶最常使用的副食品食材。

　　紅蘿蔔富含 β- 胡蘿蔔素，而 β- 胡蘿蔔素在體內會轉化為維生素 A，可保護黏膜、眼角膜，也富含豐富的食物纖維、鉀，是很營養的蔬菜。

紅蘿蔔的兩個疑問

Q1 我給寶寶吃紅蘿蔔泥，為什麼他反而便秘？

A　很多的寶寶開始吃蔬菜泥後，反而開始便秘。食物纖維雖然可以幫助排便，卻需要相對的水分，所以必須加強寶寶攝取的水分或是降低紅蘿蔔泥的份量。

Q2 寶寶吃了好一陣子的紅蘿蔔泥，為什麼皮膚變好黃，該怎麼辦？

A　吃太多紅蘿蔔會讓寶寶的皮膚像黃疸一樣黃，不過這個黃是無害的，假設你吃了 1 個月的紅蘿蔔，就請媽媽也讓寶寶停吃 1 個月，讓胡蘿蔔素從皮膚、糞便、尿液排出，多曬太陽讓 β- 胡蘿蔔素轉

意買回家後一定要用報紙包起來，放在冷藏中保存，避免發芽。購買時要注意不要挑選發芽、綠皮的馬鈴薯，表面不能有裂痕或腐爛。

- **調理方法**：削皮後切片、蒸熟，用調理機加水打成泥，因為是澱粉會吸水，打泥時要加較多的水。

南瓜

🍌 食材特色

南瓜富含 β - 胡蘿蔔素、蛋白質、醣類、鐵、鈣、鉀、維生素 A、B 群等，甜味高，很受孩子喜愛。南瓜利便，能促進腸胃蠕動消化、新陳代謝。如果寶寶便秘，吃南瓜能利便，只是如果寶寶腸胃不好，則容易引起腹瀉。

🍌 挑選‧調理方法

- **挑選**：南瓜分成木瓜型和圓形，木瓜型較多水分，甜度較低；圓形南瓜甜度較高，水分較低。圓型南瓜中的橘皮南瓜是最適合製作副食品，甜且綿密。

- **調理方法**：用削皮刀將南瓜表皮削掉，用菜刀將南瓜切半後再切片，蒸熟後用調理機打成南瓜泥。處理南瓜用削皮的方式，可以吃到更多南瓜的營養，減少南瓜丟棄的部分。

> **美味 Tips**
> 南瓜甜，可以加入松子粉或白芝麻粉，除了可以用南瓜去壓掉芝麻本身的苦味，還可以讓南瓜更香更好吃。
>
>
>
> 加入芝麻粉及松子粉更營養好吃。

高麗菜

食材特色

　　高麗菜水分多、口感清甜，對於多數不喜歡青菜味道的孩子而言，可說是最受孩子歡迎的蔬菜（尤其是鈞，看到高麗菜可以吃一大盤）。高麗菜富含維生素 C、B 群、U 等，維生素 U 有益於胃潰瘍的修復。只是高麗菜吃多易脹氣，假如發現寶寶吃完高麗菜有常哭鬧、腹部敲起來像在敲鼓，就表示脹氣了，應減少或暫停食用。

挑選．調理方法

・**挑選**：表面無枯黃葉片，葉片蓬鬆，因為攤商為了讓高麗菜賣相更好看，會不停將表面葉片剝除，所以鈞媽的習慣是會挑選較大顆、外層葉片較綠，且在同樣大小的高麗菜中，選擇重量較輕的。一般人會以為挑選尖頭的就是高山高麗菜，其實平地也有種尖頭的品種，並不能成為挑選的依據。

・**調理方法**：切除菜心和較粗的部分，留下柔軟的葉片切碎蒸熟，不須加入太多的水打成泥。

製作副食品時可取
用柔軟的葉片。

> **美味 Tips**
>
> 　　高麗菜只要煮熟就非常香甜，搭配紅蘿蔔也非常美味。

莧菜

🍌 食材特色

　　莧菜含鐵量是菠菜的 2 倍，也有豐富的鈣，莧菜擁有的鈣、鐵容易被身體吸收，是營養價值很高的蔬菜。莧菜本身也有膳食纖維，有助於腸胃蠕動和排便。

🥒 挑選・調理方式

· **挑選**：挑選葉片無枯黃、枝梗肥厚完整。莧菜有分成白莧菜和紅莧菜，一開始製作副食品時，以白莧菜為佳，菜的氣味較紅莧菜低。

紅莧菜

· **調理方法**：如果是打成食物泥，可以連同枝梗一起切碎、滾水燙熟後（可以保留較多的維生素 C），不須加入太多水，打成泥狀。如果是要給寶寶吃碎菜，則建議只挑選柔軟的菜葉，去除枝梗，滾水燙熟後切碎。

> **美味 Tips**
> 　　莧菜在料理時可以搭配薑片一起燙熟，多數人都會將莧菜、薑片、魩仔魚一起烹煮，味道很搭又營養美味。
>
>
>
> 莧菜和魩仔魚味道很搭。

蘋果

🍌 食材特色

蘋果是很多寶寶在嘗試水果的入門款，有非常豐富的維生素 C，不易過敏，且全年都是產季。

🍌 挑選・調理方式

- **挑選**：表皮完整、敲起來有清脆聲，蒂頭完整青綠。蘋果的品種非常多，鈞媽比較偏好富士和五爪蘋果，甜又好榨汁。
- **調理方法**：蘋果削皮、去籽切片後，用調理機打成蘋果泥，不須加任何水。

> **美味 Tips**
>
> 蘋果可以蒸熟後加入食物泥中會更甜，但是如果單純打蘋果泥，暴露在空氣中容易氧化變成褐色，可以將蘋果和芭樂一起打成泥就不會產生太嚴重的氧化現象。另外，蘋果不建議跟黑糖搭配，容易產生明顯的酸味。
>
> 網路上有賣簡易的削蘋果機，只要把蘋果放入機器中就能快速削掉蘋果皮、去核、切片，假如媽媽常常切蘋果就能考慮買這樣的幫手。

香蕉

🍌 食材特色

香蕉中含有豐富的膳食纖維有助於消化，醣分也高，吃下去能快速消化，迅速補充體力。富含大量維生素 B，能穩定情緒，紓緩壓力，甜度非常高又柔滑，是很多寶寶愛吃的，有些寶寶甚至每餐不加香蕉就不願意吃。

🍌 香蕉的一個疑問

Q 寶寶餐餐吃香蕉可以嗎？

A 我們要有一個觀念：營養需平均攝取，再好的食物攝取過多都有害。香蕉含鉀量高，吃過多對腎功能反而造成負擔。以中醫的觀點：香蕉性寒，寒咳或腹瀉時不宜吃。那麼一天該吃多少才是適量呢？大人1天1至2根，嬰兒1天半根，最多不要超過1根。

🍌 挑選‧調理方法

- **挑選**：明亮飽滿，外觀有棕色點點為佳。購買時可以先買外皮較顯青色，回到家再慢慢放到熟，不需放入冰箱保存，用報紙包起來放在室溫，盡快吃完即可。
- **調理方法**：剝皮後跟其他蔬果一起打成泥。

> **美味 Tips**
> 香蕉蒸熟後，除了可以避免寶寶吃下有害菌，也能拉高甜度更好吃。有些寶寶不喜歡吃蒸熟的單獨香蕉泥，媽媽可以把香蕉混入其他的食物泥一起加熱。

栗子

🍌 食材特色

市場、超市、中藥房、雜糧行都買得到栗子，栗子香甜好吃，媽媽甚至可以單純蒸熟用糖蜜醃漬就是一種甜點，含有豐富維生素和礦物質、鈣、鐵、磷等，有助於骨骼發育。鈞媽在製作食物泥或粥時都會加進有香氣的食材，而栗子可以幫助泥或粥更香，引發寶寶食慾。

🍌 挑選・調理方法

- **挑選**：果實完整，沒有腐敗或缺損。
- **調理方法**：一定要一顆一顆慢慢將表面清洗乾淨，灰塵泥土和皮通常會卡在栗子的縫隙處，最好在備一根長型棒子，清洗時把隙縫中的髒汙挑掉，再把栗子用電鍋蒸熟後，用手將剩餘表皮剝掉後就能打泥。

> **美味 Tips** 栗子蒸熟後，用調理機將栗子打成泥。栗子蒸熟時會把湯汁或粥飯全染成紫色，這是正常。

菠菜

🍌 食材特色

菠菜含有豐富的鐵、鈣、維生素 C、K，能加強體內補血和止血的效果，維生素 B$_1$、B$_2$ 能增進消化與食慾，胡蘿蔔素和葉酸也能促進細胞發育。菠菜本身的菜葉煮起來柔軟滑順容易入口，氣味也不會很明顯，很能讓寶寶接受和愛吃。

🍌 挑選・調理方法

> **美味 Tips** 菠菜可以跟紅蘿蔔搭配一起煮，也可以跟豬肝一起煮成菠菜豬肝粥。

- **挑選**：菜葉完整不枯黃，根莖完整，連著根鬚和土。
- **調理方法**：如果是要打成菜泥，可以將根鬚切掉，將綠色葉菜和莖切成小段用調理機／棒打泥，因為葉菜類本身含水量就很多，燙熟後，250g 需加 50ml 的水打成泥；如果是要煮粥，會建議只要摘取菜葉切碎，等粥快煮熟時再把菠菜泥或碎菠菜放入粥中燙熟即可。

關於 4 ～ 6 個月寶寶食譜

以下的穀類雖然是使用白米,但是媽媽也可以依寶寶的情況改用藜麥、胚芽米等混和或取代,味道一樣很棒。以下僅有食材組合,份量可參考「食物比例的計算方法」作參考。

紅蘿蔔泥

紅蘿蔔米泥

第一階段食譜 4～6 個月──紅蘿蔔藜麥泥・紅蘿蔔地瓜泥

100

紅蘿蔔泥 —————————————

材料：紅蘿蔔、水

步驟：

1. 將紅蘿蔔切成絲，炒鍋中加 1 茶匙油，慢慢將紅蘿蔔炒熟。

2. 將炒熟的紅蘿蔔放入調理機或用調理棒打成泥，加少量水，打成泥。

3. 冷卻後倒入冰磚盒，製成紅蘿蔔泥冰磚，放入冷凍保存。

4. 要吃時用水沖冰磚盒外盒，把冰磚倒入碗中，放入電鍋加熱，外鍋放半杯水，跳起放涼些就能給寶寶食用。

蘿蔔

紅蘿蔔米泥 ————————————

材料：紅蘿蔔、水、米

步驟：

1. 事先把米煮成粥／飯，用調理機／棒打成米泥。

2. 將紅蘿蔔切絲，炒鍋放入 1 茶匙油，慢慢將紅蘿蔔炒熟，再放入調理機／棒加水打成泥。如果寶寶剛開始吃副食品，食物泥的稠度要像玉米濃湯一樣，之後再慢慢加稠。

3. 將米泥、紅蘿蔔泥分別倒入冰磚盒，製成單獨口味的冰磚。如果確認寶寶每餐吃的量，也可以把泥混在一起做成混合泥的大冰磚。

4. 要吃時用水沖冰磚盒外盒，把冰磚倒入碗中，放入電鍋加熱，外鍋放半杯水，跳起放涼些就能給寶寶食用。

Tips

地瓜打泥、分裝冷凍後，泥會比較稠，所以媽媽在加熱後，可以視狀況加水再給寶寶吃。

紅蘿蔔藜麥泥

Tips

藜麥與白米打泥、分裝冷凍後，泥會比較稠，所以媽媽在加熱後，可以視狀況加水再給寶寶吃。

紅蘿蔔藜麥泥

材料：紅蘿蔔、水、藜麥、米

步驟：

1. 事先把米與藜麥混和煮成粥／飯，用調理機／棒打成藜麥米泥，藜麥要注意 1 歲前最多只能加 5g。藜麥煮熟後發芽是正常。

2. 將紅蘿蔔切絲後，炒鍋放入 1 茶匙油，慢慢將紅蘿蔔炒熟，再放入調理機／棒加水打成泥，

3. 將藜麥米泥、紅蘿蔔泥分別倒入冰磚盒，冷凍製成單獨口味的冰磚。如果確認寶寶每餐吃的量，也可以把泥混在一起做成混合泥的大冰磚。

4. 要吃時用水沖冰磚盒外盒，把冰磚倒入碗中，放入電鍋加熱，外鍋放半杯水，跳起放涼些就能給寶寶食用。

紅蘿蔔地瓜泥

材料：紅蘿蔔、水、米、地瓜

步驟：

1. 事先把米煮成粥／飯，用調理機／棒打成米泥。

2. 將紅蘿蔔切絲後，炒鍋放入 1 茶匙油，慢慢把紅蘿蔔炒熟；地瓜切小塊，用電鍋蒸熟（外鍋放 1 杯水），再放入調理機／棒加水分別打成泥。

3. 將米泥、紅蘿蔔泥、地瓜泥分別倒入冰磚盒，製成單獨口味的冰磚。如果確認寶寶每餐吃的量，也可以把泥混在一起做成混合泥的大冰磚。

4. 要吃時用水沖冰磚盒外盒，把冰磚倒入碗中，放入電鍋加熱，外鍋放半杯水，跳起放涼些就能給寶寶食用。

第一階段食譜 4～6個月──紅蘿蔔蘋果黃豆泥

紅蘿蔔蘋果黃豆泥

紅蘿蔔蘋果黃豆泥 ————

材料：紅蘿蔔、水、黃豆、蘋果

步驟：

1. 黃豆事先處理：黃豆前 1 天用溫水泡 1 個晚上，隔天輕輕用手搓洗豆子，把豆殼搓掉，再靜置一下，豆殼會浮在水面上，再把殼撈除。將豆子放入電鍋，倒入水淹過黃豆，外鍋放 1 杯水蒸熟後，取出黃豆加水打成泥。150g 的黃豆可加入 100g 水打成泥。

2. 事先把米煮成粥／飯，用調理機／棒打成米泥。

3. 將紅蘿蔔切絲，炒鍋加入 1 茶匙的油，慢慢炒熟；黃豆、地瓜、蘋果切小塊，分別用電鍋煮熟後（外鍋加 1 杯水），再放入調理機／棒加水打成泥。

4. 冷卻後分別倒入冰磚盒，製成單獨口味的冰磚。如果確認寶寶每餐吃的量，也可以把泥混在一起做成混合泥的大冰磚。

5 要吃時用水沖冰磚盒外盒，把冰磚倒入碗中，放入電鍋加熱，外鍋放半杯水，跳起放涼一些就能給寶寶食用。

鈞媽碎碎念　水果可以不加熱打成泥，要吃時再加熱嗎？

可以！無論是先把水果打成泥，要吃時再加熱，或是跟其他食材一起加熱打泥製成冰磚，要吃時再加熱，二種方法都可以。要注意是生的水果泥要食用時，一定要徹底加熱避免寶寶吃到有害菌。

地瓜泥

地瓜枸杞泥

地瓜

地瓜泥

材料：地瓜、水

步驟：

1. 地瓜切小塊，放入電鍋，外鍋放 1 杯水蒸煮。

2. 將煮熟的地瓜放入調理機或用調理棒打成泥，水可以加多一點，直到刀片能動即可。

3. 冷卻後倒入冰磚盒，製成地瓜泥冰磚，放入冷凍保存。

4. 要吃時用水沖冰磚盒外盒，把冰磚倒入碗中，放入電鍋加熱，外鍋放半杯水，跳起放涼一些就能給寶寶食用。

地瓜

地瓜枸杞泥

材料：地瓜、水、米、枸杞

步驟：

1. 事先把米煮成粥／飯，用調理機／棒打成米泥。

2. 將地瓜切小塊用電鍋蒸熟後（外鍋放 1 杯水），再放入調理機／棒加水打成泥。如果寶寶剛開始吃副食品，要讓泥像玉米濃湯一樣的稠度，之後再慢慢加稠。

3. 用溫水把枸杞泡開，將水濾掉後放入電鍋蒸熟，再用調理機／棒不加水打成泥。

4. 將米泥、枸杞泥、地瓜泥分別倒入冰磚盒，製成單獨口味的冰磚。如果確認寶寶每餐吃的量，也可以把泥混在一起做成混合泥的大冰磚。如果怕寶寶無法接受枸杞的味道，可以降低枸杞泥的量。

5. 要吃時用水沖冰磚盒外盒，把冰磚倒入碗中，放入電鍋加熱，外鍋放半杯水，跳起放涼一些就能給寶寶食用。

第一階段食譜 4～6個月——地瓜花椰菜泥・地瓜米豆木瓜泥

地瓜米豆木

Tips

米豆味道很重，如果孩子較排斥米豆的味道或對豆類容易脹氣，可以減少放豆類，如果還是對豆類適應不良，建議可以提早食用肉類。

Tips

地瓜打泥、分裝冷凍後會比較稠，所以媽媽在加熱後，可以視狀況加水再給寶寶吃。花椰菜本身有個菜味，建議份量要比地瓜少，寶寶比較不會抗拒吃。

地瓜花椰菜泥

地瓜

地瓜花椰菜泥

材料：地瓜、水、米、花椰菜

步驟：

1. 事先把米煮成粥／飯，用調理機／棒打成米泥。

2. 花椰菜容易被噴灑較多農藥，故清洗時要在流水下洗久一點，把根莖部切除，留下花蕾部分加較多的水打成泥（花椰菜比較沒有帶水分）。

3. 將地瓜切小塊，用電鍋蒸熟後（外鍋放 1 杯水）加水打成泥。

4. 將米泥、花椰菜泥、地瓜泥分別倒入冰磚盒，製成單獨口味的冰磚。如果確認寶寶每餐吃的量，也可以把泥混在一起做成混合泥的大冰磚。

5. 要吃時用水沖冰磚盒外盒，把冰磚倒入碗中，放入電鍋加熱，外鍋放半杯水，跳起放涼一些就能給寶寶食用。

地瓜

地瓜米豆木瓜泥

材料：地瓜、水、米豆、木瓜、米

步驟：

1. 事先把米煮成粥／飯，用調理機／棒打成米泥。

2. 米豆前 1 天用溫水泡 1 個晚上，隔天輕輕用手搓洗豆子，豆子的殼就會被搓洗出來，靜置一下後，將浮在水面上殼撈除。用溫水泡米豆可防止寶寶脹氣，去殼打泥也會使泥滑順而非粗糙。再將豆子放入電鍋，加水淹過米豆，外鍋放 1 杯水蒸熟後加水打成泥。

3. 將木瓜、地瓜切小塊後，分別用電鍋蒸熟（外鍋放 1 杯水），再放入調理機／棒加水分別打成泥。

4. 將米泥、木瓜泥、地瓜泥、米泥分別倒入冰磚盒，製成單獨口味的冰磚。如果確認寶寶每餐吃的量，也可以混在一起做成混合泥冰磚。要吃時放入電鍋加熱即可。

> **鈞媽碎碎念** 米豆和皇帝豆屬於蛋白質含量較高的澱粉類，跟其他泥打在一起，會不會澱粉過高？
>
> 孩子尚未吃肉（動物性蛋白質）前，豆類就是最佳的蛋白質來源，但實務上，不可能永遠只給孩子吃毛豆、黃豆、黑豆（黑豆又很難入泥），此時就不妨選擇蛋白質較高的豆類，如米豆。

馬鈴薯南瓜米泥

馬鈴薯四季豆蘋果泥

馬鈴薯高麗菜香蕉泥

馬鈴薯南瓜米泥 ─────────

材料：馬鈴薯、水、米、南瓜

步驟：

1. 事先把米煮成粥／飯，用調理機／棒打成米泥。

2. 將馬鈴薯、南瓜削皮切小塊後，用電鍋分別蒸熟後（外鍋放 1 杯水），再放入調理機／棒加水分別打成泥。

3. 將米泥、馬鈴薯泥、南瓜泥分別倒入冰磚盒，製成單獨口味的冰磚。如果確認寶寶每餐吃的量，也可以把泥混在一起做成混合泥的大冰磚。

4. 要吃時用水沖冰磚盒外盒，把冰磚倒入碗中，放入電鍋加熱，外鍋放半杯水，跳起放涼一些就能給寶寶食用。

 馬鈴薯四季豆蘋果泥 ───────── ●

材料：馬鈴薯、四季豆、蘋果、水、米

步驟：

1. 事先把米煮成粥／飯，用調理機／棒打成米泥。

2. 將馬鈴薯、蘋果去皮切小塊，四季豆切小段後，分別用電鍋蒸熟（外鍋放 1 杯水），再放入調理機／棒加水分別打成泥。

3. 將米泥、馬鈴薯泥、四季豆泥、蘋果泥分別倒入冰磚盒，製成單獨口味的冰磚。如果確認寶寶每餐吃的量，也可以把泥混在一起做成混合泥的大冰磚。

4. 要吃時用水沖冰磚盒外盒，把冰磚倒入碗中，放入電鍋加熱，外鍋放半杯水，跳起放涼一些就能給寶寶食用。

 馬鈴薯高麗菜香蕉泥 ───────── ●

材料：馬鈴薯、高麗菜、香蕉泥

步驟：

1. 事先把米煮成粥／飯，用調理機／棒打成米泥。

2. 將馬鈴薯削皮切小塊，高麗菜去梗切小塊，香蕉去皮切小塊，分別用電鍋煮熟後（外鍋放 1 杯水），再放入調理機／棒加水打成泥。

3. 冷卻後分別倒入冰磚盒，製成單獨口味的冰磚。如果確認寶寶每餐吃的量，也可以把泥混在一起做成混合泥的大冰磚。

4. 要吃時用水沖冰磚盒外盒，把冰磚倒入碗中，放入電鍋加熱，外鍋放半杯水，跳起放涼一些就能給寶寶食用。

南瓜米泥

南瓜泥

第一階段食譜 4～6個月——南瓜泥・南瓜米泥

116

南瓜

南瓜泥

材料：南瓜、水

步驟：

1. 南瓜削皮後，先對切成二半，再切成小塊，放入電鍋（外鍋放1杯水）蒸煮。通常圓形南瓜的體積都很大，可以將多餘的南瓜用保鮮膜包起來或煮大人的菜餚。
2. 將煮熟的南瓜放入調理機或用調理棒打成泥，水只要加到刀片能動即可。
3. 冷卻後倒入冰磚盒，製成南瓜泥冰磚，放入冷凍保存。
4. 要吃時用水沖冰磚盒外盒，把冰磚倒入碗中，放入電鍋加熱，外鍋放半杯水，跳起放涼就能給寶寶食用。

南瓜

南瓜米泥

材料：南瓜、米

步驟：

1. 事先把米煮成粥／飯，用調理機／棒打成米泥。
2. 將南瓜削皮切半、切小塊用電鍋蒸熟後（外鍋放1杯水），再放入調理機／棒加水打成泥，南瓜不需要加很多水就可以把泥打得很滑順。
3. 將米泥、南瓜泥分別倒入冰磚盒，製成單獨口味的冰磚，要吃時再放入碗中加熱。如果確認寶寶每餐吃的量，也可以把泥混在一起做成混合泥的大冰磚。
4. 要吃時用水沖冰磚盒外盒，把冰磚倒入碗中，放入電鍋加熱，外鍋放半杯水，跳起放涼一些就能給寶寶食用。

高麗菜米泥

高麗菜紅蘿蔔米泥

高麗菜泥

第一階段食譜 4～6個月——高麗菜泥·高麗菜米泥·高麗菜紅蘿蔔米泥

高麗菜泥 ───────────────

材料：高麗菜、水

步驟：

1. 將高麗菜的粗梗切除清洗後，切細用電鍋蒸熟（外鍋放 1 杯水）。
2. 將煮熟的高麗菜放入調理機或用調理棒打成泥，水只要加到刀片能動即可。
3. 冷卻後倒入冰磚盒，製成高麗菜泥冰磚，放入冷凍保存。
4. 要吃時用水沖冰磚盒外盒，把冰磚倒入碗中，放入電鍋加熱，外鍋放半杯水，跳起放涼一些就能給寶寶食用。

 高麗菜米泥 ───────────────

材料：高麗菜、水、米

步驟：

1. 事先把米煮成粥／飯，用調理機／棒打成米泥。
2. 將高麗菜的粗梗切除清洗後，切細用電鍋蒸熟後（外鍋放 1 杯水），再放入調理機／棒加水打成泥，高麗菜不需要加很多水就可以把泥打得很滑順。
3. 將米泥、高麗菜泥分別倒入冰磚盒，製成單獨口味的冰磚。如果確認寶寶每餐吃的量，也可以把泥混在一起做成混合泥的大冰磚。
4. 要吃時用水沖冰磚盒外盒，把冰磚倒入碗中，放入電鍋加熱，外鍋放半杯水，跳起放涼一些就能給寶寶食用。

 高麗菜紅蘿蔔米泥 ───────────────

材料：高麗菜、紅蘿蔔、水、米

步驟：

1. 事先把米煮成粥／飯，用調理機／棒打成米泥。
2. 將紅蘿蔔對半切再切小塊，高麗菜切小塊，分別用電鍋煮熟後（外鍋放 1 杯水），再放入調理機／棒加水打成泥。
3. 冷卻後分別倒入冰磚盒，製成單獨口味的冰磚，要吃時再放入碗中加熱。如果確認寶寶每餐吃的量，也可以把泥混在一起做成混合泥的大冰磚。
4. 要吃時用水沖冰磚盒外盒，把冰磚倒入碗中，放入電鍋加熱，外鍋放半杯水，跳起放涼一些就能給寶寶食用。

蘋果汁

蘋果泥

mono na.eu
©BAY ASUKA

蘋果

蘋果汁

材料：蘋果 100g、水 100cc

步驟：

1. 將蘋果削皮後切片。

2. 將蘋果用蔬果榨汁機榨汁，如家中沒有榨汁機，可以用調理機或調理棒將蘋果打成泥後，把蘋果泥放入紗布巾中，把蘋果汁擠出來。

3. 給寶寶喝時，將蘋果汁和水 1：1 調稀，蘋果汁不要放過夜，當天現榨現喝。

蘋果

蘋果泥

材料：蘋果

步驟：

1. 蘋果削皮後切片。

2. 用調理機將蘋果不加水打成泥。

鈞媽 碎碎念 蘋果很容易變色或氧化，
切好後可以先浸泡在鹽水裡嗎？

蘋果容易氧化，但是蘋果浸泡鹽水的方式並不適合嬰兒，如果單獨一種蘋果泥（不和其他泥混在一起）不是當天吃完，可以跟芭樂（去籽）一起打成泥，做成水果冰磚，加熱也不會變色或氧化。

與芭樂一起打泥也可預防蘋果變色。

栗子。延伸菜單

Tips

假如是買乾燥栗子，先用熱水將栗子泡軟，再用刀尖把乾燥栗子皺摺縫隙內的皮或砂土挑乾淨後，將栗子煮到熟軟，用調理機／棒加水打成泥，300g熟栗子，可加250cc的水打成泥。

栗子泥

栗子地瓜米泥

栗子米泥

第一階段食譜 4～6個月── 栗子泥・栗子米泥・栗子地瓜米泥

栗子 **栗子泥** ————————————

材料：栗子 300g、水 250cc

步驟：

1. 新鮮栗子，去殼後（妳也可以買去殼的栗子），用滾水煮約 5 分鐘，撈起後戴手套將皮剝掉，再用滾水煮熟或蒸熟，煮到軟後，用調理機／棒加水打成泥。

2. 將栗子泥倒入冰磚盒，製成冰磚，冷凍保存。

3. 要吃時用水沖冰磚盒外盒，把冰磚倒入碗中，放入電鍋加熱，外鍋放半杯水，跳起放涼一些就能給寶寶食用。

栗子 **栗子米泥** ————————————

材料：栗子、水、米

步驟：

1. 把米煮成粥／飯，用調理機／棒打成米泥。

2. 將栗子煮到熟軟後，用調理機加水打成泥。

3. 米泥、栗子泥分別倒入冰磚盒，製成單獨口味的冰磚。如果確認寶寶每餐吃的量，也可以把泥混在一起做成混合泥的大冰磚。

4. 要吃時用水沖冰磚盒外盒，把冰磚倒入碗中，放入電鍋加熱，外鍋放半杯水，跳起放涼一些就能給寶寶食用。

栗子 **栗子地瓜米泥** ————————————

材料：栗子、水、米、地瓜

步驟：

1. 把米煮成粥／飯，用調理機／棒打成米泥。

2. 將栗子、地瓜蒸熟後，用調理機加水分別打成泥，地瓜和栗子都是容易吸水的食材，打泥時要加較多的水。

3. 米泥、栗子泥、地瓜泥分別倒入冰磚盒，製成單獨口味的冰磚。如果確認寶寶每餐吃的量，也可以把泥混在一起做成混合泥的大冰磚。

4. 要吃時用水沖冰磚盒外盒，把冰磚倒入碗中，放入電鍋加熱，外鍋放半杯水，跳起放涼一些就能給寶寶食用。

菠菜米泥

菠菜泥

菠菜

菠菜泥

材料：菠菜、水

步驟：

1. 菠菜洗淨後，可以汆燙加些許水打成泥；或直接加水打成泥，倒入冰磚盒製成菠菜泥冰磚，只是未經煮熟的食材在加熱時，必須確認冰磚有加熱到 100℃才能給寶寶食用。
2. 水和菠菜的比例約為 200g 的熟菠菜加入 50g 的水就能打成滑順的菠菜泥。
3. 將菠菜泥倒入冰磚盒，製成冰磚，冷凍保存。
4. 要吃時用水沖冰磚盒外盒，把冰磚倒入碗中，放入電鍋加熱，外鍋放半杯水，跳起放涼一些就能給寶寶食用。

菠菜

菠菜米泥

材料：菠菜、水、米

步驟：

1. 把米煮成粥／飯，用調理機／棒打成米泥。
2. 菠菜汆燙後用調理機／棒加水打成泥。
3. 米泥、菠菜泥分別倒入冰磚盒，製成單獨口味的冰磚，要吃時再放入碗中加熱。如果確認寶寶每餐吃的量，也可以把泥混在一起做成混合泥的大冰磚。
4. 要吃時用水沖冰磚盒外盒，把冰磚倒入碗中，放入電鍋加熱，外鍋放半杯水，跳起放涼一些就能給寶寶食用。

菠菜馬鈴薯香蕉泥

菠菜南瓜米泥

 菠菜

菠菜南瓜米泥

材料：菠菜、水、南瓜、米

步驟：

1. 把米煮成粥／飯，用調理機／棒打成米泥。
2. 菠菜氽燙、南瓜削皮切片蒸熟後，分別用調理機／棒加水打成泥。
3. 米泥、菠菜泥、南瓜泥分別倒入冰磚盒，製成單獨口味的冰磚。如果確認寶寶每餐吃的量，也可以把泥混在一起做成混合泥的大冰磚。
4. 要吃時用水沖冰磚盒外盒，把冰磚倒入碗中，放入電鍋加熱，外鍋放半杯水，跳起放涼一些就能給寶寶食用。

 菠菜

菠菜馬鈴薯香蕉泥

材料：菠菜、水、馬鈴薯、香蕉、米

步驟：

1. 把米煮成粥／飯，用調理機／棒打成米泥。
2. 菠菜氽燙、馬鈴薯削皮切塊、香蕉切片蒸熟後，分別用調理機／棒加水打成泥。
3. 米泥、菠菜泥、馬鈴薯泥、香蕉泥分別倒入冰磚盒，製成單獨口味的冰磚。如果確認寶寶每餐吃的量，也可以把泥混在一起做成混合泥的大冰磚。
4. 要吃時用水沖冰磚盒外盒，把冰磚倒入碗中，放入電鍋加熱，外鍋放半杯水，跳起放涼一些就能給寶寶食用。

寶寶南瓜濃湯

馬鈴薯沙拉泥

川貝燉雪梨

4～6個月寶寶的天然小點心──寶寶南瓜濃湯‧川貝燉雪梨‧馬鈴薯沙拉泥

Tips

假如寶寶的年紀比較大，也可以直接將蔬菜切成小丁，加入水煮蛋或蛋黃，和配方奶（母奶）、少許沙拉醬做成馬鈴薯沙拉。

Tips

紅棗購買時，一定要買帶籽，甜度和香氣才會夠；銀耳要避免買太白皙漂亮，太白的有可能被漂白過，銀耳本身的顏色是黃色。寶寶1歲後可加入少許冰糖一起燉煮，更好吃。

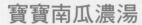

寶寶南瓜濃湯

材料：南瓜、奶粉（或母奶）、水、高麗菜蔬菜和配方奶（母奶）的比
　　　例為 1：1，比方說南瓜＋高麗菜 600g：配方奶 600g

步驟：

1. 南瓜削皮、切片，高麗菜切成小塊。
2. 奶粉用熱水調開後，備用。
3. 先將炒菜鍋熱鍋後，倒入少許植物油，把南瓜和高麗菜小火炒熟後，
　 倒入配方奶煮滾後關火起鍋，假如覺得太濃稠可以再加點水。
4. 將步驟 3 煮好的食材一起倒入調理機，打成泥就大功告成。

川貝燉雪梨

材料：雪梨 1 顆（或水梨）、紅棗少許、銀耳（泡水後）130g、水、川貝
　　　粉少許

步驟：

1. 雪梨削皮、切塊，用刀子將紅棗劃破。
2. 銀耳用熱水泡軟後，用剪刀剪掉蒂頭，備用。
3. 將雪梨、紅棗、銀耳、川貝粉放入電鍋，內鍋倒入 1/3 鍋的水（水要
　 淹過食材），外鍋放 2 杯水蒸煮。
4. 食材蒸熟後，把紅棗去皮去籽，用調理機全部打成泥，也可以加多一
　 些水變成湯。

馬鈴薯沙拉泥

材料：馬鈴薯、紅蘿蔔、地瓜、南瓜、配方奶（母奶）、水

步驟：

1. 將馬鈴薯、紅蘿蔔、地瓜、南瓜削皮後切片，用電鍋蒸熟。如果怕紅蘿
　 蔔等根莖類比較難熟透，也可以用水煮，煮過的蔬菜湯可以泡配方奶。
2. 用調理機／棒，將所有食材和配方奶一起打成馬鈴薯沙拉泥。

寶戰篇　寶寶營養副食品 3

第一階段 —— **7～9** 個月寶寶副食品

寶寶發展及飲食注意事項

孩子此階段已經開始長牙齒，活動力也更強，需要更多熱量，開始食用動物性蛋白質（肉）是最好的選擇。

有些媽媽會選擇讓寶寶繼續吃食物泥到 1 歲多，多數的媽媽在寶寶 7～9 月大時，會開始讓孩子吃泥粥，泥粥的型態為食材全部打成泥，將米煮到米粒全化的粥。轉換食物型態可以採用每餐先吃完食物泥後（不要讓寶寶吃飽），再接著以玩票性質讓寶寶試吃粥，等吃粥吃得較順後再改成整餐吃粥。

如果媽媽希望讓孩子吃好入口的綿密稀粥，一開始可以採用將米粒完全煮化，完全看不到米粒的綿密。煮的時後要注意，媽媽一定要自己吞一口，確認在不咀嚼的狀況下，寶寶是否吞得下去。

因此你有二個選擇：繼續製作食物泥或開始煮粥。前面曾經說到一樣樣食材用電鍋蒸熟後，再分別打成泥，不過隨著寶寶月齡的成長，食量也越來越大，再這樣打泥會把媽媽累死。

懶人煮泥法

步驟 1 置入電鍋蒸熟

將米、蔬菜、水果、肉類及豆類全部放入電鍋，加入高湯或水淹過食材，外鍋放 2 杯水蒸熟，開關跳起來後燜 30 分鐘就可以打開將食物取出。

步驟 2 **慢慢打成濃度恰當的泥**

　　慢慢將煮熟的食材放入調理機打成泥，一次不要放太多，慢慢加高湯或水將泥調整到適合寶寶的濃度。

步驟 3 **快速降溫冷凍**

　　用寬盆裝泥，用電風扇、冷氣吹涼，或用冰塊隔水降溫後，分裝冷凍。

可用冰塊隔水快速降溫。

煮綿密粥的方法──5 倍粥

1 電鍋版

材料：米 50g、高湯 250cc

步驟：

分裝冷凍，寶寶想吃時可隨時加熱。

1. 平日先將米洗過、瀝乾，用調理機把米粒打碎，用保鮮袋將米分裝成 50g ／袋，冷凍起來，一次可洗 7 天份的米冷凍，要使用時就能立刻拿出來煮。

2. 高湯、白米一起放入電鍋內鍋，外鍋放 2 杯水煮成粥。

鈞媽 小秘訣

· 我的方法是將全部食材放入 6 人份電鍋後，把水加到淹過食材，水佔內鍋的八分滿，蒸熟後要打泥時再依寶寶吃的濃度加水分。

· 如果你覺得第一種訣竅的方法太懶惰摸魚，那可以參考第二種，比方說寶寶吃的是 8 倍粥的濃度，先用 1（米）：8（水或高湯）煮成粥備用。再把其他食材放入電鍋，水加到淹過食材即可；或是把食材放入鍋子，加水淹過食材，用瓦斯爐煮熟。煮食材的水可以留下來打泥。

3. 電鍋跳起來後燜 30 分鐘，打開蓋子用湯匙將米粒攪爛，如果覺得不夠爛，內鍋再加 1 杯高湯、外鍋放 1 杯水再煮一次。

美味 Tips
假如寶寶想要吃更濃稠的粥（4 倍粥），比例可以改成米 70g，高湯 280cc。

2 瓦斯爐版

材料：米 140g、高湯 980cc

步驟：

1. 平日先將米洗過、瀝乾，用調理機把米粒打碎，用保鮮袋將米分裝成 140g ／袋，冷凍起來，一次可洗 7 天份的米冷凍，要使用時就能立刻拿出來煮。

2. 高湯放入瓦斯爐上煮滾後，將白米倒入高湯中，先稍微攪拌不要讓米沾在鍋底，燜約 5 分鐘後以中火慢慢將米攪拌到變粥後，撈一碗湯放旁邊，關火蓋上蓋子燜 30 分鐘。

鈞媽碎碎念 為什麼不用白飯煮粥呢？

用白米煮成的粥因為有糊化作用，米湯都可以喝得到「暗」（台語），米粒也會整個化開，對嬰幼兒來說較好消化，用含的就能輕鬆吞嚥副食品。用白飯因為已經事先煮成米粒形狀，要再煮化就有難度，吸水度也差，就算表面上可以煮得跟用米煮的粥很相近，吃起來的感覺還是不一樣。

如果要用飯煮粥，建議等寶寶學會咀嚼且能吃有顆粒的副食品後才考慮用飯煮粥。用飯煮粥，如使用電鍋為 1 碗飯、2 ～ 3 碗高湯；如使用瓦斯爐為 1 碗飯，4 ～ 5 碗高湯。

3. 開小火開始攪拌，直到米粒完全看不見後即可起
鍋，再把剛撈起那碗湯倒回去，避免米粒吸水過
快讓粥變乾。

可先撈起一碗湯，
稀釋較濃乾的粥。

煮各類粥的水分比例與介紹

名稱	特性	煮粥－8倍粥（電鍋版）	建議月齡
白米	米多次研磨後剩下的精米，寶寶剛開始嘗試副食品時，適合從白米開始，做成米湯和米泥	泡水 15 ～ 20 分鐘 水分 米：高湯 =1：8	4 個月
胚芽米	米研磨後留下胚芽的米，比白米多出 60% ～ 80% 的營養，跟白米一樣適合剛開始嘗試副食品的寶寶	泡水 15 ～ 20 分鐘 水分 米：高湯 =1：8	4 個月
藜麥	富含蛋白質、鈣、鐵、鋅，卻不帶過敏原的麩質，很適合剛開始吃副食品的寶寶，但由於鉀含量較高，1 歲以下一天最高為 5g，1 ～ 3 歲可到 10g	泡水 15 ～ 20 分鐘 水分 藜麥：白米：高湯 =5g：1：8	4 個月
糙米	糙米的營養完整，跟白米相比多了纖維質、礦物質、維生素 B 群等，只是表面有過敏原的麩質且口感硬，如果過敏或腸胃功能較弱的寶寶可以延後到 1 歲再食用	泡水 1 ～ 2 小時 水分 米：高湯 =1：10	7 個月

名稱	特性	煮粥－8倍粥（電鍋版）	建議月齡
小米	含鐵量比白米多1倍，維生素比白米高2～7倍，不含麩質且易消化	泡水 1 小時 水分 小米：白米：高湯 =0.5：1：10	7 個月
紫米	紫米可用在寶寶甜粥上，表面的花青素清洗時會讓水變成紫色。紫米富含膳食纖維、鉀、鈣、維生素 B_1、B_2、葉酸、鐵、鋅等礦物質，比白米有更多的營養素。但是因為紫米是糯米的一種，如果寶寶的消化功能較弱，建議酌量食用或跟其他穀類混和食用	泡水 1～2 小時 水分 米：高湯 =1：10	7 個月
五穀米	五穀是指未經過加工的天然穀類，市面上包裝五穀米種類多少都有不同。因為未經加工，表面含過敏原麩質，且草酸及植酸含量高，所以不建議腸胃功能不佳、有過敏體質的寶寶吃，草酸和植酸會抑制鐵質吸收，也不建議容易缺鐵、鈣的寶寶食用	泡水 1～2 小時 水分 米：高湯 =1：10	3 歲後

🍌 蛋白質攝取順序及處理方法

　　寶寶約 6、7 個月開始就會接觸動物性蛋白質（肉），順序可從雞肉、豬肉、牛肉、海鮮等依順序嘗試，海鮮可以等 1 歲後再嘗試，帶殼海鮮則建議等 1 歲～ 2 歲後再嘗試。肉通常都含有豐富的油脂，所以在一開始選擇肉類時，要選全瘦的瘦肉，避免寶寶腸胃不適應。

肉類

處理雞肉的圖解

　　選用雞胸肉（如果是到傳統攤位買，可以改成雞腿肉，煮熟後把皮去除掉再打泥），水滾後將雞胸肉煮熟，建議可以燜煮，把雞肉整個煮軟，湯汁去油另外存放起來當高湯，接著切成小塊放入調理機，加水打成雞肉泥。

❶ 水滾後先汆燙雞肉、把水倒掉。

❷ 一邊煮一邊把上面渣渣撈掉。

❸ 雞肉撈起來去皮切塊，湯放溫後用撈油匙撈油。

❹ 用調理機打泥。

製作豬肉泥，可以選擇去肥肉的後腿肉、腰內肉，對於剛接受肉類的寶寶而言，油脂含量少、都是瘦肉，寶寶的腸胃也比較能接受。

肉退冰後，把血水倒掉，血水倒掉可以讓肉少掉腥味，接著放入炒鍋中，開小火將肉炒熟。炒熟後用調理機一起打成肉泥，再分裝、冷凍成冰磚。

❶ 退冰後倒掉血水。

❷ 放入炒鍋，小火慢慢炒熟。

❸ 放入調理機，加水打成泥，分裝成冰磚。

處理牛肉的圖解

肉泥

牛菲力（腰內肉）是全瘦肉，適合給剛嘗試牛肉的寶寶食用。將肉絞成絞肉後，炒熟，放入調理機、加水打成泥，分裝製成冰磚。

❶ 將肉絞成絞肉後，炒熟。

❷ 加水打成泥，分裝製成冰磚。

細絞肉

等寶寶開始吃細絞肉後，建議改成用炒鍋把肉炒散，放涼之後再分裝冷凍，需要時拿出使用。如果偷懶直接把生絞肉丟進電鍋和米一起煮，你會發現所有的肉黏成一大團。

用電鍋蒸肉，肉黏成一塊。

肉泥冰磚的做法

①

②

動物性蛋白質有遇熱黏結在一塊的現象，肉泥如果加熱完，水和肉就分離變一塊，媽媽可以用湯匙把肉塊壓碎後再和水拌勻。

有個小訣竅是，用調理機打肉泥時直接和蔬菜一起做成蔬菜肉泥冰磚，冷凍後再加熱就可以避免這樣的情形發生。

直接用湯匙把肉塊壓碎後再和水拌勻。

鈞媽碎碎唸 為什麼做肉泥要選絞肉？不可以用肉絲或肉片嗎？

因為肉有肉纖維，絞肉用調理機打成肉泥，除了製作速度會較快，也比較不傷刀片，可延長刀片的壽命。

蛋黃

蛋白是高過敏原，1歲以前還是以蛋黃為主。輕鬆取用蛋黃有兩種方式：煮成水煮蛋後，可將蛋黃取出，確保完全不會吃到蛋白，缺點是全熟的蛋黃會比較乾，不好吞嚥，建議將蛋黃加入其他食物一起加水打成泥或加水做成純蛋黃泥。

用蛋汁分離器分離蛋黃蛋白，缺點是一定會混到一點點的蛋白在蛋黃中，建議等寶寶月齡超過 10 個月後再採此方法，比較不容易過敏；優點是蛋黃呈現液體狀，可變化料理型態就很多，如：滑蛋、蒸蛋等。蛋黃、豆腐等食材都會建議當天或當餐製作和食用，最主要是在保存不當的情形下，這兩種食材最容易腐敗。香蕉、酪梨也建議當天或當餐製作和吃完，避免變色或味道變得不好吃。

蒸蛋、滑蛋都是很適合寶寶的蛋料理。

鈞媽碎碎唸　什麼時候可以不用再把肉打成泥給寶寶吃？

媽媽會納悶，寶寶都已經學會吃軟蔬菜、豆腐，甚至會吃飯粒，為什麼獨獨不願吃細絞肉，吃到就吐出來，非要把肉打成泥，寶寶才願意吃？肉本身有肉纖維，一定要用牙齒咀嚼，無法以舌頭或牙齦壓碎，直接吞嚥也會吞不下去。媽媽可以將肉打泥到孩子 1 歲 3 個月後，改成用調理棒將肉打到變成極細肉末，習慣吃泥的孩子往往會到 2 歲多才能學會咀嚼和吞嚥絞肉。

寶寶食量大時，就可以將所有食材按比例混和成綜合泥，每一餐用保鮮盒裝成一盒，加熱時直接拿出一盒加熱。

肉要不要水洗呢？

要，但是洗完後要立刻烹煮。如果是可信賴之廠商所販賣的肉品，而廠商又在乾淨的地方處理肉品，照道理是不需要清洗，可以直接烹煮到 100℃ 熟透。然而，一般攤商我們並不知道處理環境是否乾淨，所以買回家的肉品建議洗過後立刻烹煮。肉品不可洗過後就久置常溫或冷凍，容易造成肉類腐敗，洗完就要立刻烹煮。

煮熟的副食品置於電鍋中保溫保存是否可以？

媽媽常犯錯誤是將粥、副食品早上煮熟後就長時間置於常溫或電鍋中保溫，讓食物置於危險溫度帶（60℃ 以下），除了容易造成食物腐敗外，也引起大腸桿菌、仙人掌桿菌（常在米飯類內出現）的快速增生，讓寶寶拉肚子、上吐下瀉等。恰當的做法是將副食品煮熟後，立刻置於寬鍋或淺盤中，吹電風扇、冷氣，或是用冰塊隔水降溫，快速降溫後，接著分裝冷凍，要吃時再取出加熱至 100℃ 或沸騰。

我的寶寶從食物泥改成吃粥，請問吃多少才是合理？

食物泥顆粒分子細，寶寶好吞嚥，飽足感較低，自然吃下去的份量較多，轉換成粥後，因為接近半固體，所以吃的量就會減少，一開始都會少 100ml。舉例：寶寶原本吃泥可以吃 300ml，開始改吃粥後能吃到 200ml 就是合理。當然隨著月齡，寶寶的食量還是會逐漸增加。假設寶寶吃粥吃到 1 歲時，已經吃到 300ml 的粥，改吃飯後約可吃到 200ml 的飯，接著隨著月齡會逐漸提升食量。

食物轉換方式舉例

300ml 泥 ➡ 200ml 粥

300ml 粥 ➡ 200ml 飯

餵食次數、與母乳的搭配

寶寶會隨著月齡增加副食品的量，減少喝奶的量，並慢慢跟大人一樣一天只吃三餐，等 1 歲後，副食品就會變成主食品，所以在 1 歲前，我們就會慢慢拉長飲食時間，讓寶寶習慣，餐與餐最佳間距為 5.5 ～ 6 小時，晚餐離晚上睡前不要超過 2 小時，避免空腹到隔天早上太久，無法睡到隔天。

喝母奶的寶寶可以採用的方式 ❶

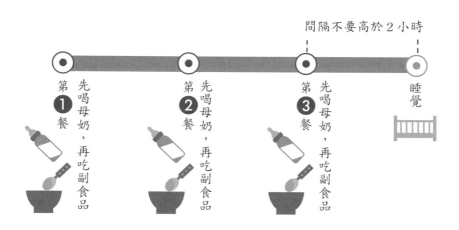

 喝母奶的寶寶可以採用的方式 ❷

也可以喝完母奶後，休息 30 分鐘再吃副食品，一餐在 1 小時內結束。

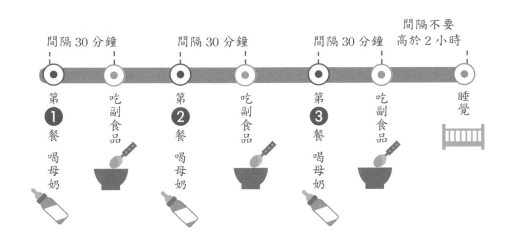

🍌 喝配方奶或是以副食品為主的寶寶可採用的方式 ❶

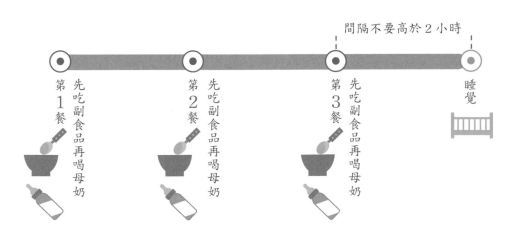

喝配方奶或是以副食品為主的寶寶可採用的方式 ❷

如果怕寶寶吃完副食品不喝奶，也可以在吃副食品後休息 30 分鐘再喝奶，一餐在 1 小時內結束。

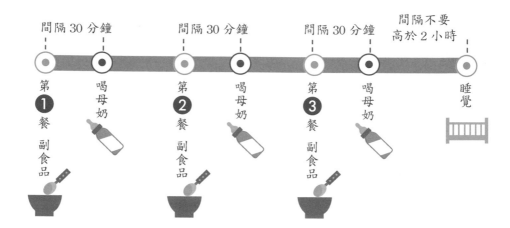

鈞媽推薦的 10 種營養食材

接下來建議這 10 種食材，都是較為常見，但是更營養，也是台灣常見蔬菜。

山藥

🍌 食材特色

山藥富含食物纖維、黏液（糖蛋白酵素），對於保護腸胃、促進消化吸收、提振食慾、抗氧化、抗衰老及降血糖都很有幫助，是高營養的食物，假如寶寶身體虛弱常生病，山藥對此是很有幫助。

🍌 挑選・調理方法

・**挑選**：山藥雖然有很多品種，但是最適合寶寶且很多大人愛吃的是日本山藥。一般的山藥口感脆，如果隔天再吃纖維感就變得很重。但是日本山藥不須久煮，口感鬆軟，煮湯容易化開。日本進口的山藥是長棍型，要購買時可以注意箱側有等級區分，代表著山藥本身的大小、形狀和品質，一般來說，不需要買到最好的等級（很

> **美味 Tips**
>
> 山藥和豬肉的味道非常搭，所以山藥燉排骨或煮豬肉粥，能讓寶寶胃口大開。網路上媽媽對給寶寶吃山藥有二種看法：一種是覺得山藥滋補、增進抵抗力，所以給寶寶天天吃；另一種是覺得太補就不給孩子吃。其實再好的食物都不能天天吃，所有食物都應該平衡攝取，山藥雖然不需要天天吃，但是常吃對身體是非常營養。

貴），買到第二或第三等級就非常好吃。

- **調理方法**：山藥黏液含有植物鹼，會讓手很癢，處理時必須戴上手套，用清水先清洗山藥表面，削皮、切塊。媽媽通常忙於家事或上班，可以前一天把山藥切塊後泡在過濾水（如果寶寶已經 1 歲，也可以泡在鹽水中），放在冷藏隔天再烹煮，泡過水的山藥因為吸收了水分，更加容易煮軟。

小松菜

食材特色

小松菜又稱日本油菜，是一種油菜的變種，含有豐富鈣、鐵、胡蘿蔔素、維生素 A、C，其中鈣鐵含量甚至贏過菠菜，在台灣小松菜多數以有機種植為主，菜味不會很重，是非常適合製作副食品的食材。

挑選・調理方法

- **挑選**：小松菜幾乎一整年都購買得到，有水耕或土耕兩種，可以買帶根的小松菜，根部噴濕後，用報紙或塑膠袋包起來，放在冷藏就可以保存 1 星期之久。
- **調理方法**：把根部切掉後，用流動的清水洗乾淨，汆燙後用調理機／棒打成泥。

美味 Tips

小松菜和玉米或魩仔魚的味道很搭，只要確認寶寶不會對玉米或魩仔魚過敏，三種食材可以常常搭配在一起製作副食品。葉菜類的食物泥可以有二種處理方法：

- 汆燙後打成泥，製成菜泥冰磚，要吃時再跟粥一起加熱。
- 直接把生鮮葉菜不經烹煮直接打成泥，製成菜泥冰磚，要吃的時候才進行加熱，只是必須確認加熱到 100℃才能給寶寶吃。

豬肝

食材特色

　　缺鐵是最常見的營養缺乏症之一，嬰兒和女人尤其常見，缺鐵會致使人容易疲倦、貧血、食慾不振等，但是人體對一般食物鐵的吸收率僅有 1%～22%，但是動物血含鐵量最高約 340mg（每 100g），身體吸收率也最高，10%～76%。動物肝如豬肝含鐵 25mg，牛肝含 9.0mg，豬瘦肉（後腿肉）中含 2.4mg，身體吸收率也高至 7%。蛋黃含鐵量亦較高，但是身體吸收率僅 3%。

　　豬肝除了富含鐵，蛋白質、維生素 A、維生素 B 群、鐵、鈣、磷等營養素含量也非常高。豬肝的膽固醇也剛好是寶寶腦力發展所需。

挑選‧調理方法

- 挑選：豬內臟保存不當就容易不新鮮或腐敗，該怎麼挑選了？首先應該選擇可信任的商家購買，最好能了解其豬隻來源、飼養方式及檢驗報告等資料。挑選豬肝可依以下原則做挑選：
- a. 顏色：好的豬肝呈暗紅色、有光澤。如果豬肝變成黑或紫色，表示已經不新鮮。
- b. 觸覺：新鮮的豬肝是有彈性，如果已經變硬或按壓無法彈起，表示已經不新鮮或被冷凍過。
- c. 味道：新鮮的豬肝有些許腥味，卻沒有臭味。

豬肝的一個疑問

Q　好吃的豬肝是哪一種呢？

A　豬肝是豬的整個肝臟，分成一葉一葉（大小約一個巴掌），最好吃的就是脂肪含量超過 10%的粉肝，煮熟後呈暗粉色，口感粉粉，是最好吃的一部分。

・**調理方法**：新鮮的豬肝需當天立刻烹煮。先用流動的水將內臟血水清洗掉一部份，接著燒一鍋水，放入薑片和切成薄片的豬肝

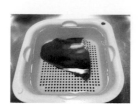

燙熟後切片，將豬肝和其他食材做成食物泥，或切碎後加入粥中。

美味 Tips　因為豬肝泥會散發比片狀更多的腥味，把豬肝單獨打成豬肝泥給寶寶吃不是個好點子，可以將少量豬肝泥混入食物泥，或是切成小塊狀。

地瓜葉

食材特色

地瓜葉通常不需噴灑農藥，是安全的食材，富含高纖維素、膳食纖維、維生素 A、胡蘿蔔素。地瓜葉含有較多的膳食纖維，可幫助排便，維生素 A 和鈣質含量高，可幫助寶寶發育，地瓜葉還含有黃銅類化合物，餵母乳的媽媽多吃能幫助泌乳。

鈞媽碎碎念　我的小孩抽血驗出缺鐵，該怎麼辦？

一般而言，當發現嬰幼兒血中缺乏某種成分時，就必須先檢查自己的飲食，尤其是餵母乳的媽媽會直接影響到寶寶，例如：母親長期不吃紅肉、含鐵飲食，就很容易導致這樣的情形發生。

挑選・調理方法

- **挑選**：看切口是否新鮮，用手折一下莖，如果折不斷表示地瓜葉較老，注意葉片是否有枯黃或爛掉。

- **調理方法**：地瓜葉的味道較重，可以跟其他較甜的蔬菜或水果做搭配，如玉米、香蕉等，地瓜葉的纖維較多，打泥時可以連同莖一起打，並拉長調理機打泥時間，確認將纖維都打成泥；如果是切碎煮粥，只要挑選葉片部分，莖則不用。

> **美味 Tips**
> 地瓜葉含有豐富的胡蘿蔔素、維生素 A，比起水煮或蒸煮，用油炒更能保留營養素。地瓜葉和豬肉、蘋果非常搭配，可以作為食材的組合。

絲瓜

食材特色

絲瓜富含維生素 B_1、維生素 B_2、維生素 C、粗纖維、膳食纖維、鉀、鈣及鐵等營養素。

挑選・調理方法

- **挑選**：挑選絲瓜時，要先看表皮是否翠綠、紋路是否清楚無損，輕輕按壓表皮確認表皮是否有被撞爛、放置過久（腐爛）或被他人用力按壓過（爛掉了）。買回家後不削皮用報紙包起來放在冰箱底層冷藏室約可保存一週。

> **美味 Tips**
> 菇類和絲瓜的味道非常搭配，如果寶寶吃過菇類，可以將香菇跟絲瓜一起打泥或煮粥。

芹菜

🍌 食材特色

芹菜有著特殊的香氣，添加一些可以讓副食品更香，而且芹菜富含膳食纖維、鐵、鈉、鉀及硫的含量較高，可安神助眠、降血壓、促進食慾及鎮定寧神。除此外，芹菜還有大量的胡蘿蔔素。

🥒 挑選・調理方法

- **挑選**：葉片的部分必須青綠，根莖肥厚。芹菜分成很多種，不過鈞媽常用的是美國芹菜，因為美國芹菜香氣較重，根莖也最肥厚。
- **調理方法**：把葉菜摘掉丟棄或大人另炒菜餚（芹菜葉營養也很豐富，只是葉菜有苦味，建議大人自己炒菜或涼拌做成另一道菜餚），將根莖用流動的水清洗後，取一點切碎或打成泥。

美味 Tips

因為芹菜的香氣非常重，加入副食品的份量不能太多，否則反而會讓寶寶厭惡，建議份量為每 100g 的粥加 1g 芹菜泥。如果是熬湯，因為要讓香氣濃郁，建議放入 2 根芹菜和其他蔬菜一起熬。

美國芹

葡萄

🍌 食材特色

葡萄果甜多汁肉，富含大量葡萄糖，是高熱量水果，可以製作果醬、酒、葡萄乾（小零食）、果汁等，富含纖維質、單寧酸、維生素 A、C、B_1、B_2、蛋白質、胺基酸、鈣、磷、鐵、胡蘿蔔素等等，其中的膳食纖維

和果酸可以幫助寶寶腸胃消化和健全腸胃功能，促進體內廢物排出，幫助血液循環，是很建議常給寶寶吃的水果。

挑選・調理方法

- **挑選**：挑選果實飽滿、大小均勻，表皮和莖均無損傷或長斑。其實葡萄的皮更營養，富含果膠質和纖維質，媽媽可以購買無籽葡萄，連皮一起打成泥。台灣最常見的是巨峰葡萄。

> **美味 Tips**
> 洗葡萄時，可用太白粉或小蘇打粉加入水中，太白粉或小蘇打粉可以帶出葡萄的髒污，洗 2～3 次就非常乾淨。小蘇打粉也常用在廚房的清潔上。

- **調理方法**：剝皮後將籽去除，整顆葡萄不加水用調理機／棒打成泥。

芭樂

食材特色

又稱番石榴，一年四季都有產，營養價值高，維生素 C 是柑橘的 3 倍，也有蛋白質、維生素 B_1、食物纖維等等，芭樂跟蘋果一起打成泥後，可以延緩蘋果氧化的速度。

挑選・調理方法

- **挑選**：芭樂歷經長年的品種改良，品種非常繁多，像鈞媽小時候只有小顆又多籽的芭樂，可是現在已經有無籽的芭樂，例如：水晶芭樂、水蜜芭樂等等，做副食品可以考慮這些品種給寶寶吃。

> **美味 Tips**
> 將芭樂和蘋果一起打成泥，做成冰磚保存，要吃時再輕微加熱。

- **調理方法**：不需要削皮，清洗後直接將蒂頭切掉、去籽（假如是有籽的品種）、切片，不須加水直接打成水果泥。

山藥。延伸菜單

關於 7 ～ 9 個月寶寶食譜

依寶寶的咀嚼進度為他選擇適合的食物型態，媽媽可以繼續給寶寶吃食物泥或是更改成泥粥（蔬菜肉類打成泥，米煮成粥），以下食譜五穀類是採用白米，媽媽也能依寶寶的狀況改成藜麥、胚芽米取代。食物泥比例份量可參考「食物比例的計算方法」作參考，粥烹煮是採用電鍋，粥食譜是採用較美味的食材搭配，媽媽可以依據需求自行調整食材比例。

山藥雞肉香蕉

第二階段食譜 7～9 個月──山藥雞肉香蕉粥

山藥雞肉香蕉粥

材料：山藥 30g、高湯 250cc、雞肉 25g、米 50g、香蕉半根

步驟：

1. 把山藥切小塊後泡水，選擇去骨雞胸肉或雞腿肉、去皮後切成小塊、香蕉去皮備用。

2. 將上述材料蒸熟後打成泥備用。

3. 米和高湯煮成粥後，要起鍋時再加入山藥雞肉香蕉泥，煮沸後就可以起鍋放涼。如寶寶喜歡吃小顆粒軟食物，也可以將山藥和香蕉改成切小塊加入粥中。

4. 放涼後依寶寶食量分裝冷凍。

5. 要吃時用水沖保鮮盒外盒，把冰磚倒入碗中放入電鍋加熱，跳起來放涼依些就能給寶寶食用。

鈞媽碎碎念 怎麼選擇食譜中的高湯種類呢？

　　煮粥用的高湯，可以選擇食材內就有的肉類，比方；豬肉粥可選擇大骨高湯、排骨高湯，雞肉粥可選擇雞高湯，魚類則可用柴魚高湯、魚高湯等。

山藥泥

山藥雞肉蘋果

山藥

山藥泥

材料：山藥

步驟：

1. 戴手套將山藥削皮後，切成薄片、泡水。

2. 幾個小時後（如果要隔天才打泥，建議要放冷藏保存），不加水直接打成泥，分裝後製成冰磚。

3. 要吃時用水沖冰磚盒外盒，把冰磚倒入碗中，放入電鍋加熱，外鍋放半杯水，跳起放涼一些就能給寶寶食用。

山藥

山藥雞肉蘋果

材料：山藥、高湯（水）、雞肉、蘋果、米

步驟：

1. 選擇去骨雞胸肉或雞腿肉，去皮後把肉切成小塊；山藥切塊後泡水，蘋果切塊備用。

2. 把食材和白米全部放入電鍋，加入高湯或水至內鍋 8 分滿，外鍋放 2 杯水蒸熟。

3. 將煮熟的食材慢慢放入調理機，一邊打泥一邊加湯，直到適合的濃稠度，打好的泥倒入寬盆或分成多個容器，放涼後再依寶寶的食量分裝進保鮮盒。

4. 要吃時用水沖保鮮盒外盒（不需要事先退冰），把大塊冰磚倒入碗中，放入電鍋加熱，外鍋放半杯水，跳起放涼一些就能給寶寶食用。

山藥雞肉粥

Tips

粥一定要先完全把米粒
煮化煮爛後，最後才能
加入食物泥，否則米粒
會無法煮化、煮爛。

山藥豬肉玉米粥

山藥

山藥雞肉粥 ———————————

材料：山藥 55g、高湯 250cc、雞肉 25g、米 50g

步驟：

1. 把山藥切成塊狀，去骨雞胸肉或雞腿肉去皮後切成小塊，放入電鍋加水蒸熟後，用調理機打成泥備用。

2. 米和高湯煮成粥後，要起鍋時再加入山藥雞肉泥，煮沸後就可以起鍋放涼。

3. 放涼後依寶寶食量分裝冷凍。

4. 也可以將白粥與山藥雞肉泥分開分裝冷凍，加熱時再混和在一起。

5. 要吃時用水沖保鮮盒外盒（不需要事先退冰），把大塊冰磚倒入碗中，放入電鍋加熱，外鍋放半杯水，跳起放涼一些就能給寶寶食用。

山藥

山藥豬肉玉米粥 ———————————

材料：山藥 30g、高湯 250cc、豬肉 25g、米 50g、玉米 30g

步驟：

1. 把山藥切成塊狀，豬絞肉冷藏退冰後倒掉血水，玉米用菜刀把玉米粒刮下來，放入電鍋加水蒸熟後，用調理機打成泥備用。

2. 米和高湯煮成粥後，再加入山藥豬肉玉米泥，煮沸後就可以起鍋放涼。

3. 放涼後依寶寶食量分裝冷凍。

4. 也可以將白粥與山藥玉米豬肉泥分開分裝冷凍，加熱時再混和在一起。

5. 要吃時用水沖保鮮盒外盒（不需要事先退冰），把大塊冰磚倒入碗中，放入電鍋加熱，外鍋放半杯水，跳起放涼一些就能給寶寶食用。

小松菜紅蘿蔔豬肉香蕉泥

小松菜泥

小松菜

小松菜泥

材料：小松菜、水

步驟：

1. 小松菜洗淨，先熱水汆燙再加水打成泥，1000g 小松菜加 100g 水，打成泥後分裝冷凍。

2. 要吃時用水沖冰磚盒外盒，把冰磚倒入碗中，放入電鍋加熱，外鍋放半杯水，跳起放涼一些就能給寶寶食用。

小松菜

小松菜紅蘿蔔豬肉香蕉泥

材料：小松菜、水、紅蘿蔔、豬肉、香蕉、米

步驟：

1. 小松菜汆燙後備用。將紅蘿蔔、香蕉去皮切塊，與豬絞肉、米一起放入電鍋，高湯或水放到內鍋 8 分滿，外鍋放 2 杯水蒸熟。

2. 將煮熟的食材慢慢放入調理機，一邊打泥一邊加水，直到適合的濃稠度，打好的泥倒入寬盆或分多個容器中，放涼後再依寶寶的食量分裝進保鮮盒。

3. 要吃時用水沖保鮮盒外盒（不需要事先退冰），把大塊冰磚倒入碗中，放入電鍋加熱，外鍋放半杯水，跳起放涼一些就能給寶寶食用。

小松菜番茄雞肉粥

材料：小松菜 50g、高湯 250cc、番茄 25g、雞肉 25g、米 50g

步驟：

1. 小松菜汆燙後備用。將番茄切塊與去骨去皮雞胸肉或雞腿肉一起放入電鍋，高湯或水淹過食材即可，外鍋放 2 杯水蒸熟。

2. 把所有的食材一起加高湯打成泥，因為後續會跟粥混和，且番茄帶有水分，所以打泥時水分要放少一些，泥要打得稠一點。

3. 米和高湯煮成粥後，要起鍋時再加入先前的泥，煮沸後就可以起鍋放涼。

4. 放涼後依寶寶食量分裝冷凍。

5. 也可以將白粥與食物泥分開分裝冷凍，加熱時再混和在一起。

6. 要吃時用水沖保鮮盒外盒（不需要事先退冰），把大塊冰磚倒入碗中，放入電鍋加熱，外鍋放半杯水，跳起放涼一些就能給寶寶食用。

 地瓜葉

地瓜葉豬肉粥

材料：地瓜葉 30g、高湯 250cc、豬肉 30g、米 50g

步驟：

1. 將地瓜葉汆燙後，豬絞肉用電鍋蒸熟，一起用調理機加水打成泥。

2. 米和高湯煮成粥後，要起鍋時再加入先前的泥，煮沸後就可以起鍋放涼。

3. 放涼後依寶寶食量分裝冷凍。

4. 也可以將白粥與泥分開分裝冷凍，加熱時再混和在一起。

5. 要吃時用水沖保鮮盒外盒（不需要事先退冰），把大塊冰磚倒入碗中，放入電鍋加熱，外鍋放半杯水，跳起放涼一些就能給寶寶食用。

169

地瓜葉地瓜葡萄泥

地瓜葉泥

地瓜葉泥

材料：地瓜葉、水

步驟：

1. 將地瓜葉去梗留葉，用滾水汆燙過後加水打成泥，冷卻後分裝冷凍。

2. 要吃時用水沖冰磚盒外盒，把冰磚倒入碗中，放入電鍋加熱，外鍋放半杯水，跳起放涼一些就能給寶寶食用。

地瓜葉地瓜葡萄泥

材料：地瓜葉、地瓜、葡萄、水

步驟：

1. 地瓜葉去梗留葉，用滾水汆燙過後備用。將地瓜去皮、切塊和葡萄去皮、去籽後，放入電鍋加水蒸熟。

2. 將煮熟的食材慢慢放入調理機，一邊打泥一邊加水，直到適合的濃稠度，打好的泥倒入寬盆或分多個容器中，冷卻後再依寶寶的食量分裝進保鮮盒。

3. 要吃時用水沖保鮮盒外盒（不需要事先退冰），把大塊冰磚倒入碗中，放入電鍋加熱，外鍋放半杯水，跳起放涼一些就能給寶寶食用。

玉米豬肝粥

豬肝

玉米豬肝粥 ——————————

材料：玉米 50g、薑片 3 片、豬肝 10g、豬肉 25g、高湯 250cc、米

步驟：

1. 把玉米粒從玉米上面刮下來，同豬絞肉一起放入電鍋加水蒸熟備用。

2. 準備當天新鮮豬肝，泡水後將豬肝切片。

3. 準備一鍋水放入薑片煮滾，把豬肝燙熟。

4. 將以上食材一起打成泥，豬肝因為打成泥腥味較重，建議每餐加 10g 即可，一天不超過 50g。

5. 米和高湯煮成粥後，要起鍋時再加入先前的泥，煮沸後就可以起鍋放涼。

6. 放涼後依寶寶食量分裝冷凍。

7. 也可以將白粥與泥分開分裝冷凍，加熱時再混和在一起。

8. 要吃時用水沖保鮮盒外盒（不需要事先退冰），把大塊冰磚倒入碗中，放入電鍋加熱，外鍋放半杯水，跳起放涼一些就能給寶寶食用。

鈞媽 碎碎念

我可以使用玉米罐頭給寶寶吃嗎？

常有媽媽問：這樣刮玉米好累，可不可以用玉米罐頭？試著看大廠玉米罐頭內容物說明：玉米、糖、鹽。現在的罐頭大都採用高溫滅菌，較不需要擔心添加防腐劑，所以媽媽只需要考慮你是否要給孩子吃到鹽或糖。

外面餐廳在使用玉米罐頭的玉米時，並不會直接使用，而是會再洗過後才加入菜餚烹煮，你也可以參考。

豬肝怎麼料理更好吃？

等寶寶月齡較大時，豬肝用薑片水汆燙過後，可以切小塊加入些許醬油拌炒，再佐白粥或軟飯吃，大人則可以用汆燙過的豬肝炒沙茶醬或麻油，都非常美味。

3

實戰篇 寶寶副食品

173

絲瓜。延伸菜單

第二階段食譜 7～9個月—— 絲瓜芹菜滑蛋麵線‧絲瓜玉米筍豬肉粥

絲瓜玉米筍豬肉粥

絲瓜芹菜滑蛋麵線

絲瓜

絲瓜芹菜滑蛋麵線 ───────

材料：絲瓜 100g、蛋黃 1 顆、芹菜 5g、高湯 250g、米 50g

步驟：

1. 將絲瓜外皮削掉薄薄一層，留下略帶綠色的瓜肉，切半後挖掉中間的籽。
2. 將絲瓜和芹菜蒸熟打泥。
3. 用分蛋器把蛋黃和蛋白分離，留下蛋黃打散備用。
4. 準備一鍋熱水，煮滾後把麵線放下去，用筷子翻動避免黏在一起，約 30 ～ 50 秒後放入 1 碗冷水，再次沸騰後就能撈起麵線放入冰水中，將水分濾掉後備用。
5. 另外準備一個鍋子，放入高湯、麵線、絲瓜芹菜泥，湯滾後將慢慢淋上蛋液，劃出一絲絲蛋線，蛋熟就可以起鍋。
6. 建議麵線要當餐吃，不要分裝冷凍，避免再度加熱後麵線黏在一起。

絲瓜

絲瓜玉米筍豬肉粥 ───────

材料：絲瓜 100g、玉米筍 10g、、豬肉 30g、米 50g、高湯 250cc

步驟：

1. 絲瓜外皮削掉薄薄一層，留下略帶綠色的瓜肉，切半後挖掉中間的籽。
2. 玉米筍洗淨，和豬肉、絲瓜一起放入電鍋內蒸熟後，打成泥備用。
3. 米和高湯煮成粥後，要起鍋時再加入先前的泥，煮沸後就可以起鍋放涼。
4. 放涼後依寶寶食量分裝冷凍。
5. 也可以將白粥與泥分開分裝冷凍，加熱時再混和在一起。
6. 要吃時用水沖保鮮盒外盒（不需要事先退冰），把大塊冰磚倒入碗中，放入電鍋加熱，外鍋放半杯水，跳起放涼一些就能給寶寶食用。

海帶芽泥

海帶芽牛肉粥

海帶芽

海帶芽泥 ————————————

材料：**海帶芽、水**

步驟：

1. 用清水把海帶芽洗過，把上面的髒汙和多餘的鹽分洗掉。
2. 用溫水把海帶芽泡開後，加水用調理棒打成泥，冷卻分裝冷凍。
3. 要吃時用水沖冰磚盒外盒，把冰磚倒入碗中，放入電鍋加熱，外鍋放半杯水，跳起放涼一些就能給寶寶食用。

海帶芽

海帶芽牛肉粥 ————————————

材料：**海帶芽泥 10g、牛肉 25g、菠菜 40g、米 50g、高湯 250cc**

步驟：

1. 海帶芽先用調理機打成粉，再用熱水將 3 匙海帶芽粉泡開。
2. 菠菜去梗取菜葉汆燙後，牛肉用電鍋蒸熟，一起用調理機加水打成泥。
3. 米和高湯煮成粥後，要起鍋時再加入先前的泥，煮沸後就可以起鍋放涼。
4. 放涼後依寶寶食量分裝冷凍。
5. 也可以將白粥與泥分開分裝冷凍，加熱時再混和在一起。
6. 要吃時用水沖保鮮盒外盒（不需要事先退冰），把大塊冰磚倒入碗中，放入電鍋加熱，外鍋放半杯水，跳起放涼一些就能給寶寶食用。

小松菜 海帶芽玉米豬肉麵線

材料：海帶芽泥 20g、玉米 20g、g、豬肉泥 25g、麵線 1 人份、高湯適量、
　　　過濾水的冰水

步驟：

1. 準備一鍋熱水，煮滾後把麵線放下去，用筷子翻動避免黏在一起，約
   30 ～ 50 秒 後放入 1 碗冷水，再次沸騰後就能撈起麵線放入冰水中，將
   水分濾掉後備用。

2. 取新鮮玉米，用菜刀將玉米粒刮下，與豬肉泥一起用電鍋加水蒸熟備用。

3. 海帶芽先用調理機打成粉，再用熱水將海帶芽粉泡開。

4. 另外準備一個鍋子，放入麵線、海帶芽水、玉米豬肉泥，水滾後就能起鍋。
   需當餐食用完畢，勿分裝冷凍。

Tips

因為海帶芽本身帶有天
然的鹹味，麵線也有些
微鹹味，搭配上甜甜的
玉米非常好吃。

Tips

不放奶粉的味道更好，
所以如果寶寶已經不喜
歡喝奶，這道副食品可
以不需要放入奶粉。

 雞肉滑蛋地瓜牛奶麵線

材料：雞蛋 1 顆、雞肉 25g、地瓜 30g、莧菜 30g、奶粉少許、
　　　麵線 1 人份、高湯適量

步驟：

1. 準備一鍋熱水，煮滾後把麵線放下去，用筷子翻動避免黏在一起，
   約 30 ～ 50 秒後放入 1 碗冷水，再次沸騰後就能撈起麵線放入冰水
   中，將水分濾掉後備用。

1. 將地瓜削皮、切小塊，雞肉切小塊一起放入電鍋蒸熟後，用調理機
   打成泥。莧菜去梗留菜葉汆燙，打成泥。

3. 用分蛋器把蛋黃和蛋白分離，留下蛋黃打散備用。

4. 準備過濾水 120cc（依奶粉罐上的指示），放入 3 匙奶粉調勻後，
   放入麵線、地瓜雞肉泥、莧菜泥，湯滾後將慢慢淋上蛋液，劃出一
   絲絲蛋線，蛋熟就可以起鍋。

5. 建議麵線要當餐吃，不要分裝冷凍，避免再度加熱後麵線黏在一起。

蛋黃泥

Tips

挑選排骨時，可以選小排、胛心排、梅花排。小排雖然較肥，但是肉多；胛心排肉少，但是瘦肉多；梅花排肥瘦相間，軟硬適合。

豬肉排骨蛋黃粥

蛋黃泥

材料：雞蛋、水

步驟：

1. 先將雞蛋洗乾淨後備用。

2. 準備一鍋熱水，放入雞蛋煮約 15 ～ 20 分鐘，撈起後把蛋殼剝掉。如果希望能將蛋殼不要煮破，煮之前先輕敲破蛋的氣室（在蛋的鈍端）。

3. 把蛋白和蛋黃分離，將蛋黃加水打成泥，蛋黃應於當餐就吃完，勿分裝冷凍。

豬肉排骨蛋黃粥

材料：蛋黃 1 顆、水適量、排骨高湯 250cc、排骨 300g、豬肉 25g、米 50g

步驟：

1. 準備一鍋滾水，放入排骨汆燙，要燙到排骨都沒有血色，再準備新的一鍋熱水，放入排骨開始熬湯，水滾後關小火蓋上鍋蓋，約 1 小時後關火。

2. 排骨湯冷卻後，放入冷藏，隔天撈掉浮在表面上的油，用濾網過濾湯中的骨頭碎渣，只留下排骨湯。按每天煮粥的量，用夾鏈袋或保鮮袋分裝冷凍，最多只冷凍 7 天份。

3. 把豬肉和蛋黃一起蒸熟後打成泥，放在旁邊備用。

4. 以排骨湯取代水，把白米煮成粥，起鍋前加入豬肉蛋黃泥，煮沸即可起鍋。

3 實戰篇　寶寶副食品

芹菜。延伸菜單

芹菜豬肉南瓜粥

牛肉菠菜芹菜粥

第二階段食譜 7〜9 個月──牛肉菠菜芹菜粥・芹菜豬肉南瓜粥

芹菜

牛肉菠菜芹菜粥

材料：牛肉 25g、菠菜 50g、芹菜 5g、米 50g、高湯 250cc

步驟：

1. 菠菜去梗留葉，芹菜把菜葉摘掉後，芹菜梗切 5g，汆燙後備用。牛肉切片後用熱水燙熟，和菠菜、芹菜一起打成泥。

2. 米與高湯煮成粥後，要起鍋時再加入先前的泥，煮沸後就可以起鍋放涼。

3. 放涼後依寶寶食量分裝冷凍。

4. 也可以將白粥與泥分開分裝冷凍，加熱時再混和在一起。

5. 要吃時用水沖保鮮盒外盒（不需要事先退冰），把大塊冰磚倒入碗中，放入電鍋加熱，外鍋放半杯水，跳起放涼一些就能給寶寶食用。

芹菜

芹菜豬肉南瓜粥

材料：芹菜 5g、豬肉 30g、南瓜 50g、米 50g、高湯 250cc

步驟：

1. 把芹菜的菜葉摘掉，留菜梗切 5g，與豬肉、南瓜一起放入電鍋蒸熟，用調理機加水打成泥備用。

2. 米與高湯煮成粥後，要起鍋時再加入先前的泥，煮沸後就可以起鍋放涼。

3. 放涼後依寶寶食量分裝冷凍。

4. 也可以將白粥與泥分開分裝冷凍，加熱時再混和在一起。

5. 要吃時用水沖保鮮盒外盒（不需要事先退冰），把大塊冰磚倒入碗中，放入電鍋加熱，外鍋放半杯水，跳起放涼一些就能給寶寶食用。

第二階段食譜7～9個月──葡萄泥‧葡萄小松菜牛肉泥‧白花椰菜葡萄泥

葡萄小松菜牛肉泥

白花椰菜葡萄泥

葡萄泥

184

 葡萄

葡萄泥

材料：葡萄

步驟：

1. 將葡萄去皮後，過水汆燙，不加水用調理機／棒打成泥，在分裝冷凍。
2. 要吃時用水沖冰磚盒外盒，把冰磚倒入碗中，放入電鍋加熱，外鍋放半杯水，跳起放涼一些就能給寶寶食用。

葡萄

葡萄小松菜牛肉泥

材料：葡萄、茼蒿、小松菜、牛肉、米、高湯

步驟：

1. 將葡萄去皮，茼蒿和小松菜清洗後與葡萄一起汆燙。
2. 牛肉切成小塊，和米一起用電鍋煮熟為牛肉飯。
3. 將葡萄、茼蒿、小松菜、牛肉飯一起加高湯打成泥。
4. 放涼後依寶寶食量分裝冷凍。
5. 要吃時用水沖保鮮盒外盒（不需要事先退冰），把大塊冰磚倒入碗中，放入電鍋加熱，外鍋放半杯水，跳起放涼一些就能給寶寶食用。

葡萄

白花椰菜葡萄泥

材料：葡萄、白花椰菜、米、牛肉、高湯

步驟：

1. 將葡萄去皮，白花椰菜清洗後與葡萄一起汆燙。
2. 牛肉切成小塊，和米一起用電鍋煮熟為牛肉飯。
3. 將葡萄、白花椰菜、牛肉飯一起加高湯打成泥。
4. 放涼後依寶寶食量分裝冷凍。
5. 要吃時用水沖保鮮盒外盒（不需要事先退冰），把大塊冰磚倒入碗中，放入電鍋加熱，外鍋放半杯水，跳起放涼一些就能給寶寶食用。

芭樂 ∘ 延伸菜單

Tips

寶寶 1 歲後可加入適量黑
糖一起打泥，風味更佳。

芭樂地瓜粥

芭樂泥

芭樂米泥

第二階段食譜 7〜9 個月——芭樂泥 · 芭樂米泥 · 芭樂地瓜粥

186

芭樂 **芭樂泥**

材料：芭樂、水

步驟：

1. 芭樂對半切後，把中間的籽挖掉。
2. 把芭樂放入電鍋中不加水蒸熟。
3. 不加水用調理機／棒打成泥，再分裝冷凍。
4. 要吃時用水沖冰磚盒外盒，把冰磚倒入碗中，放入電鍋加熱，外鍋放半杯水，跳起放涼一些就能給寶寶食用。

 芭樂 **芭樂米泥**

材料：芭樂、水、米

步驟：

1. 事先把米煮成粥／飯，用調理機／棒打成米泥。
2. 將芭樂、切塊後打成泥。
3. 放涼後依寶寶食量分裝冷凍。
4. 要吃時用水沖保鮮盒外盒（不需要事先退冰），把芭樂泥和米泥冰磚倒入碗中，放入電鍋加熱，外鍋放半杯水，跳起放涼一些就能給寶寶食用。

 芭樂 **芭樂地瓜粥**

材料：芭樂 30g、地瓜 10g、馬鈴薯 20g、米 50g、高湯 250cc

步驟：

1. 芭樂對半切後去籽，地瓜切小塊，馬鈴薯去皮切小塊，放入電鍋，內鍋加水淹過食材，外鍋 1 杯水蒸熟。
2. 將米用高湯煮成飯或粥。
3. 將前述食材放入調理機／棒，加高湯打成泥。
4. 放涼後依寶寶食量分裝冷凍。
5. 要吃時用水沖保鮮盒外盒（不需要事先退冰），把大塊冰磚倒入碗中，放入電鍋加熱，外鍋放半杯水，跳起放涼一些就能給寶寶食用。

四神排骨湯

寶寶蒸蛋

寶寶蒸蛋

材料：雞蛋 1 顆、高湯（水）60ml

步驟：

1. 用分蛋器將蛋白和蛋黃分離，只取蛋黃。
2. 蛋黃加入高湯（水），用筷子打散，打蛋時要注意不要起太多的泡泡，順時鐘方向打蛋。
3. 放入電鍋，電鍋蓋不要蓋密，留一點小縫隙，外鍋放半杯水，待電鍋開關跳起來再等一下就能給寶寶吃。建議當餐吃完。

四神排骨湯

材料：芡實適量、薏仁適量、蓮子適量、淮山（山藥）適量、枸杞適量、當歸 2 片、排骨 4～5 塊。

步驟：

1. 蓮子購買後，要一顆一顆切半檢查是否有心，蓮子心是苦的，所以要剔掉。
2. 前一天先將芡實、薏仁、蓮子泡水後放冷藏。
3. 準備一鍋熱水汆燙排骨，排骨要燙到沒有血色。
4. 另外準備一鍋水，將燙熟的排骨、芡實、薏仁、枸杞、蓮子、當歸放入，水滾後蓋蓋子關小火，煮 30 分鐘後將當歸拿掉，放入山藥，60 分鐘後就可以關火。
5. 將四神排骨湯過濾只取湯，放涼後可以給寶寶單喝、煮粥。

7～9個月寶寶的天然小點心——雞蛋布丁・美味地瓜湯

Tips
寶寶 1 歲後，可於步驟 2 中加入少許黑糖（10g）一起打散，更美味。

雞蛋布丁

美味地瓜湯

Bo Bo Cao

Tips
寶寶 1 歲後，可用少許黑糖，煮成糖水，再加入蜜地瓜。

雞蛋布丁

材料：雞蛋 1 顆、奶粉 1 匙、水 60cc

步驟：

1. 雞蛋用分蛋器，將蛋黃和蛋白分離，蛋黃備用。

2. 將奶粉加水調成配方奶後，再加入蛋黃、打散。

3. 放入電鍋，電鍋蓋不要蓋密，外鍋放半杯水後蒸煮，電鍋開關跳起來後就能給寶寶吃。

美味地瓜湯

材料：冰糖 100g、地瓜 300g、水 500cc

步驟：

1. 將地瓜削皮、切成片狀，將冰糖、地瓜一起放入水中，用瓦斯爐煮沸，冷卻後放入冰箱，做成蜜地瓜。

2. 隔天把冰糖水倒掉，將地瓜取出。

3. 另煮一鍋水，加入地瓜，煮至沸騰，待地瓜熟透後就可以當成點心。

第三階段—— 10～12 個月寶寶副食品

孩子的成長與食物的狀態

　　寶寶如果較早開始吃粥，現在就能慢慢將粥越煮越顆粒。當然！你也能繼續讓寶寶吃泥。多數寶寶會開始出現喜歡顆粒、咀嚼的動作，你可以將蔬菜、根莖類切成細碎，肉依舊打成泥，粥煮成較顆粒的 5 倍粥，除了吃粥之外，也可以安排別種類型的食物給寶寶吃，像是麵條、麵疙瘩。

　　也許你會問鈞媽：可是我的寶寶完全不接受顆粒食物，只想吃泥，我要訓練他吃固體食物嗎？不用，請順著寶寶咀嚼能力發展而改變餵他的食物型態，像鈞是吃泥吃到 10 個月才開始換吃粥，1 歲 3 個月才開始吃食材是小顆粒的粥。（在本書中，會將食物進展速度推展的較快，實際情形可依寶寶狀況去處理）。

愛吃泥的寶寶可以這樣吃

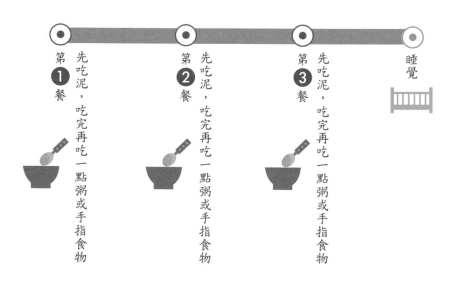

第 ❶ 餐　先吃泥，吃完再吃一點粥或手指食物

第 ❷ 餐　先吃泥，吃完再吃一點粥或手指食物

第 ❸ 餐　先吃泥，吃完再吃一點粥或手指食物

睡覺

各種食材冷凍、解凍與加熱秘訣：冰磚製作與運用

給寶寶嘗試魚肉時，可先從比較無刺的魚肉開始嘗試，只要是肉類都需注意勿反覆冷凍又解凍，除了血水、營養的流失，還會造成肉質的腐敗或不新鮮。

土魠魚　　　　　　　虱目魚　　　　　　　鯛魚

一開始可以先從比無刺的魚嘗試，例如土魠魚、虱目魚、鯛魚等。

餵食次數、與母乳的搭配

此時寶寶副食品吃的量會逐漸越來越多，媽媽要格外注意餐與餐距離要逐漸拉長（每餐間距 5 ～ 6 小時，最佳間距 5.5 小時），才能讓寶寶胃中的食物消化，10 ～ 12 個月一天保持三次副食品，餵食的時間可以安排在接近大人飲食的時間，為 1 歲後正式吃三餐做準備，最後一餐副食品離睡前不要超過二小時。

以下幾種餵食與餵奶方式可以供媽媽參考：

建議 ❶：1 天 4 餐，先吃副食品後喝奶

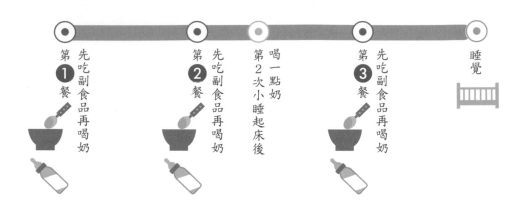

建議 ❷：1 天 4 餐，先喝奶再吃副食品

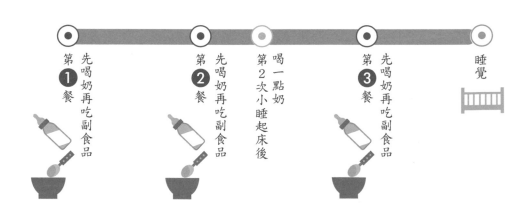

各種食材冷凍、解凍與加熱秘訣：冰磚製作與運用

建議 ❸：1 天 3 餐，每餐間隔 5～6 小時

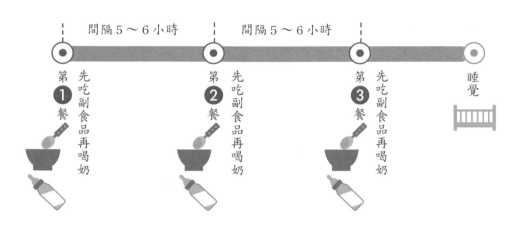

建議 ❹：1 天 3 餐，先吃副食品，等 30 分鐘再喝奶

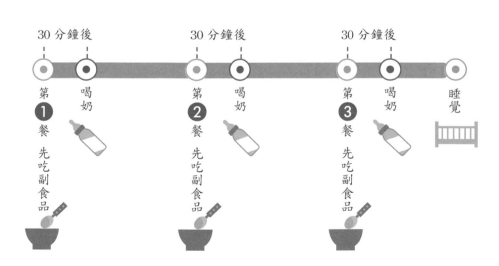

鈞媽推薦的 10 種營養食材

鮭魚

食材特色

　　鮭魚肉質細嫩好消化、魚刺明顯非常好處理，擁有豐富油脂、蛋白質、DHA、EPA、維生素A、維生素B群、維生素D、E和蝦紅素等，能促進腦力活化、幫助鈣吸收。

挑選・調理方法

- **挑選**：給寶寶吃的鮭魚可購買已經處理成生魚片或碎肉的魚肉，市面上有近海養殖鮭魚，且要挑選可信任之商家的鮭魚。

- **調理方法**：將魚肉、薑片、蔥一起放入電鍋中蒸熟，外鍋放半杯水，熟了後把薑和蔥丟棄，將魚肉弄碎或打成泥給寶寶吃。用電鍋蒸或是用水燙的魚肉比較不會帶有較多的油脂，吃起來比較清淡。

> **美味 Tips**
> 等寶寶習慣吃魚後，可以用炒菜鍋熱鍋後，放入油，小火將鮭魚煎熟，煎熟的鮭魚雖然較油一些，可是更香更好吃。

鯛魚

食材特色

鯛魚有豐富的蛋白質，脂肪含量低、魚肉容易消化，含有牛磺酸、平衡的胺基酸，維生素 B_1，非常適合腸胃較弱的寶寶食用。

挑選・調理方法

- **挑選**：媽媽可以直接買真空包裝處理好的鯛魚片，通常處理好的鯛魚片都是無刺，媽媽再挑選時要注意包裝是否有破損，魚肉周圍是否有滲透的血水，魚肉是否呈粉紅色沒有變黑。
- **調理方法**：將魚肉、薑片、蔥一起放入電鍋中蒸熟，外鍋放半杯水，熟了後把薑和蔥丟棄，將魚肉弄碎或打成泥給寶寶吃。用電鍋蒸或是用水燙的魚肉比較不會帶有較多的油脂，吃起來比較清淡。

> **美味 Tips**
> 鯛魚脂肪含量少，可以跟蘿蔔、蔥、高麗菜、水一起煮成高湯，高湯可以留下來煮粥或直接吃，非常美味。

魩仔魚

食材特色

魩仔魚脂肪含量低，含有豐富的鈣質、維生素 A、C、鈉、磷、鉀。因為無刺，很適合寶寶嘗試。另外，有種看起來較大隻的是銀魚而非魩仔魚，只是很相像。

· **挑選**：建議媽媽到漁港或有機店購買未調味過的生魩仔魚，看起來是透明。買生魩仔魚可以避免商人添加螢光劑或漂白劑。假如媽媽買的是已經煮過的魩仔魚，建議用熱水再次煮沸魩仔魚，把多餘的鹽分洗掉，把水濾除後、冷卻，再把魩仔魚分裝冷凍。

> **美味 Tips**　切碎的蔥和魩仔魚一起用熱油炒過，炒到有點焦香，可以讓魩仔魚更香更好吃。

香菇

食材特色

　　新鮮香菇可作為寶寶嘗試菇類的入門。香菇有豐富的維生素 B_1、B_2、C 及磷、鉀、鐵、鈉、蛋白質、膳食纖維和多種必需胺基酸。乾香菇比新鮮香菇有更多的膳食纖維、維生素 D，維生素 D 可幫助鈣質吸收，而且乾香菇較香。

挑選・調理方法

· **挑選**：新鮮香菇挑選時要注意柄短、菇傘要肥厚無裂痕，表面完整無異味、腐爛。乾香菇要挑選台灣菇香氣濃郁，菇柄長超過 1 公分、菌褶呈淡黃色、菇傘乾燥。大陸菇傘柄極短、濕氣重較軟。另外，價格是最重要的指標，台灣菇價格高，每斤必定破千，且年年升高。

> **美味 Tips**　先將乾香菇洗過後用水泡開，香菇可以炒過，讓香味更香，香菇水可以留下來煮湯或煮粥。

秀珍菇

食材特色

秀珍菇有豐富的多醣體、維生素 B_1、B_2、B_6 及蘑菇核糖核酸等，能改善新陳代謝、改善體質抑制、發炎狀況。菇類很多都很適合寶寶食用，寶寶通常也很喜歡，只要確認不會過敏，就能常常食用。包含：秀珍菇、猴頭菇、杏鮑菇、金針菇、白精靈等。

挑選・調理方法

- **挑選**：菇傘完整、裂口少、沒有異味腐爛、傘柄完整。
- **調理方法**：菇久煮會流失營養素、口感香味不佳，清洗後也不能放隔天，菇會發黑，建議當天清洗完後切成細末，副食品快起鍋時再加入一起烹煮。

> 美味 Tips　稍微清洗就可以烹煮。

紅豆

食材特色

紅豆多數使用在甜點上，現在很多女性都會煮紅豆水喝改善氣血虛、水腫。紅豆有豐富的纖維質、B 群、蛋白質、鉀、鈣、鐵、磷等，可以利尿、預防便秘、增加血液循環、增加抵抗力。

- **挑選**：挑選紅豆時要選擇顆粒飽滿，手撈一把紅豆，雜質少、缺損的紅豆少為佳。

- **調理方法**：紅豆要煮前須經充分泡水，建議要煮前一天要先泡水，隔天要煮時如使用電鍋煮，需要水加多一些，外鍋放 2 杯水，電鍋跳起後燜半小時再確認紅豆是否有蒸熟，如果沒有就要再蒸煮一次。

> **美味 Tips**
>
> 清洗紅豆時，要把浮在水面的紅豆渣撈除；另外紅豆如要使用在甜的副食品上時，可以在煮熟後加入冰糖或黑糖，蜜醃一小時後將紅豆打成泥。

番茄

食材特色

番茄有豐富的茄紅素，β 胡蘿蔔素、多醣體、維生素 C、鈣等，番茄的茄紅素含量非常高，能清除人體自由基，延緩老化，提升免疫力，可以入菜也可以單吃，是食用價值很高的蔬菜。

挑選 · 調理方法

- **挑選**：番茄的品種非常多，在台灣餐廳常用的是牛番茄，番茄越紅表示甜度越高、較不酸，如果是當天要吃，可以挑全紅的番茄，如果是隔二天才要吃，要挑稍微有點青色，因為番茄如果全紅就無法繼續存放，要盡快吃完。

> **美味 Tips**
>
> 番茄因為含有 β 胡蘿蔔素，加點油用炒的可以幫助維生素 A 的產生與攝取。

- **調理方法**：番茄如果想要去皮給寶寶吃，可以先在生的番茄屁股處用刀切十字，準備一鍋滾水，把番茄放入滾三分鐘，再將番茄取出放涼就能輕鬆把皮剝掉，打泥或切碎末製作副食品。

小黃瓜

食材特色

小黃瓜的產季在夏季，有清熱解暑功效，富含維生素 A、B、C、E，菸鹼酸、鈣、磷、鐵和膳食纖維。小黃瓜中的鉀能夠幫助體內多餘鈉的排出，在烹煮時也能跟其他食材味道融洽，含水分高，很適合當寶寶的副食品。

挑選・調理方法

- **挑選**：外觀翠綠，手摸時要有明顯的尖刺、凸起，瓜身較直而不彎曲，整體均勻，不可以外表黑綠或軟凹。
- **調理方法**：削皮刀把表面輕輕削一層皮後，用菜刀直切小黃瓜切成長細絲，再切成碎末。

美味 Tips

給寶寶吃時，可以用削皮刀把表面輕輕削一層即可，將大部分的綠色留住。中醫認為瓜類較寒，不適合體質虛寒者食用，媽媽如果擔心可以加入蒜頭或薑汁一起蒸煮。

- **寶寶蒜頭的使用法**：如果擔心寶寶無法接受蒜頭的辣味，可以在炒鍋熱油後，把蒜頭片放入油中，蒜片略微焦黃後就把蒜片拿起，剩下的油跟其他食材拌炒。
- **寶寶薑的使用法**：如果擔心寶寶無法接受薑的辣味，可以把薑切片，以調理機將薑打成泥，使用紗布巾將薑過濾出薑汁，製作食物泥或粥時可以在烹煮前加入 1 ～ 2 匙。

洋蔥

食材特色

　　洋蔥具有濃厚的香味、甜味，寶寶能開始吃洋蔥後，媽媽會忍不住每天都使用洋蔥當副食品。洋蔥的營養成分很高，除了維生素A、C、鉀、鈣、膳食纖維外，最重要的是含有硫化丙烯，可防血栓、預防膽固醇、提高維生素 B_1 的吸收，不過洋蔥食用過多會導致脹氣。

挑選‧調理方法

· **挑選**：洋蔥要挑選外觀完整肥厚。台灣洋蔥頭尾較尖，含水量高，很容易煮爛鮮甜，比較適合做副食品；進口洋蔥含水量少，口感清脆，比較適合做沙拉、燒烤、炒菜等。洋蔥建議放入冷藏底層保存，放在室溫夏天時因為濕熱導致腐敗、長蟲，洋蔥長蟲往往是從內部開始，外觀不易發現。

· **調理方法**：切掉頭尾兩端後，將黃色的表皮剝除，再切成細

美味 Tips

　　媽媽切洋蔥時常常會淚流滿面，這是因為切洋蔥時，會散發出刺激淚腺的味道，該怎麼避免或減緩呢？

· 方法 **1**：先將洋蔥剝皮後，冷凍1天或冷藏10天，就可以減緩刺鼻的感覺。

· 方法 **2**：切洋蔥時要順著紋路切，這也能保有洋蔥的甜味。

· 方法 **3**：準備一盆水，把砧板放入水中，在水中切洋蔥。

末，洋蔥要先用炒鍋小火炒熟、軟後才會有甜味散發，沒有刺鼻的味道。

> ## 蔥

食材特色

青蔥、蒜苗、韭菜三者是看似相似卻完全不一樣，青蔥的綠葉部分是中空，蒜苗和韭菜的綠葉則是扁平。青蔥是高纖維蔬菜，富含維生素 C、鈣、β 胡蘿蔔素，有股特殊的刺激性香味，廣泛用在感冒時的飲食。

韭菜　　　　　　　　　蒜苗　　　　　　　　　珠蔥

挑選‧調理方法

- **挑選**：綠葉沒有腐爛或被蟲蛀，白色部分較長者。因為蔥葉比較容易在根管處藏蟲，清洗時要注意。
- **調理方法**：寶寶感冒時，可以用青蔥和白米製作簡單的副食品，幫助排汗和消化。

3
實戰篇　寶寶營養副食品

關於 10 ～ 12 個月寶寶食譜

依寶寶的咀嚼進度為他選擇適合的食物型態,可以繼續給寶寶吃泥粥或更改成碎料粥(蔬菜肉類切細碎,米煮成粥),在食譜中肉是細絞肉,不過一般寶寶對肉的接受度往往無法順利咀嚼,媽媽可以單獨將肉加水打成泥,蔬菜切細碎,煮成粥,增加寶寶對副食品的接受度。建議媽媽在餵寶寶之前,要吃一口準備給寶寶的粥,確認自己不需咀嚼,可直接吞嚥才是合格的副食品。

以下食譜五穀類是採用白米,媽媽也能依寶寶的狀況改成藜麥、胚芽米取代。粥烹煮是採用電鍋,粥食譜是採用較美味的食材搭配,媽媽可以依據需求自行調整食材比例。

鮭魚碎料

鮭魚蔬菜粥

鮭魚碎料

鮭魚牛奶起司麵

Tips

寶寶 1 歲後,可以用醬油、海鹽或豆豉些微調味,讓魚肉更好吃。

🐟 鮭魚 鮭魚碎料

材料：鮭魚 1 片、蔥 1 根

步驟：

1. 將鮭魚、蔥放入鐵盤，外鍋放 1 杯水，用電鍋將魚蒸熟。
2. 鮭魚涼了後放入盤子中，用手把魚肉弄碎並檢查有無剩下的細刺。
3. 如果覺得鮭魚肉手弄得不夠細，可以再用調理棒把魚肉打細，分裝冷凍，煮粥或煮麵時可以拿出來使用。

🐟 鮭魚 鮭魚蔬菜粥

材料：鮭魚 15g、地瓜 20g、紅蘿蔔 10g、香菇 5g、馬鈴薯 20g、
　　　高湯 280cc、米 70g

步驟：

1. 把地瓜、馬鈴薯、紅蘿蔔削皮切片後，用調理棒打成細碎顆粒。
2. 新鮮香菇把傘柄用剪刀剪掉，把菇傘切成碎顆粒。
3. 鍋中放入高湯煮滾後，把地瓜、紅蘿蔔煮到軟，再加入米、碎香菇、馬鈴薯和鮭魚碎料煮成粥，煮粥時要不斷用攪拌避免蔬菜黏鍋或燒焦。
4. 也可以把煮過的地瓜紅蘿蔔高湯放入電鍋內，再將其他食材放入內鍋，外鍋加 2 杯水，電鍋開關跳起來後燜半小時，用湯匙將粥攪拌得更糊。
5. 放涼後依寶寶食量分裝冷凍。要吃時外鍋放半杯水加熱即可。

🐟 鮭魚 鮭魚牛奶起司麵

材料：鮭魚 40g、配方奶 100g、起司片半片、高湯 100g、菠菜 10g、
　　　麵 100g

步驟：

1. 菠菜清洗後去梗取菜葉，用調理棒打碎後備用。
2. 煮一鍋滾水煮沸後，放入麵煮滾時，再度加入 1 量杯的水，反覆二次，把麵撈起瀝乾備用。
3. 加入配方奶 100g、鮭魚碎肉，高湯 100g，續入菠菜葉，湯滾後就可以關火，煮成鮭魚牛奶湯。
4. 在麵上面放 1 片起司，要吃時再跟麵攪拌，再倒入鮭魚牛奶湯。可以用剪刀把麵剪成小段，且要當餐吃完，勿分裝冷凍。

鯛魚花椰菜滑蛋麵

鯛魚碎料

鯛魚山藥洋蔥粥

3

實戰篇 寶寶營養副食品

鯛魚 鯛魚碎料

材料：鯛魚 1 片、蔥 1 根（切小段）

步驟：

1. 將鯛魚、蔥放入鐵盤，外鍋放 1 杯水，用電鍋將魚蒸熟。
2. 鯛魚放涼後盛入盤子，用手一邊把魚肉弄碎、一邊檢查魚肉中有無剩下的細刺。
3. 如果覺得手弄得不夠細，可以再用調理棒把魚肉打細，分裝冷凍，煮粥或煮麵時可以拿出來使用。
4. 寶寶 1 歲後，可以用醬油、海鹽或豆豉些微調味，讓魚肉更好吃。

鯛魚 鯛魚山藥洋蔥粥

材料：鯛魚 30g、山藥 30g、洋蔥 50g、高湯 280cc、米 70g

步驟：

1. 山藥切成 0.3x0.3 公分的小丁，泡水備用。
2. 洋蔥去皮切成 0.3x0.3 公分，用炒鍋先將洋蔥炒熟炒軟備用。
3. 高湯煮滾後，加入米煮成粥，米膨脹成飯後再將山藥放入一起煮，粥快煮好時最後將洋蔥、鯛魚放入粥中。
4. 也可以將米、高湯、山藥、洋蔥一起放入電鍋烹煮成粥。外鍋放 2 杯水，電鍋開關跳起來後燜半小時，用湯匙將粥攪拌得更糊，如果覺得粥不夠糊，外鍋再放 2 杯水，內鍋再放一些高湯再煮一次。
5. 放涼後依寶寶食量分裝冷凍。
6. 要吃時用水沖保鮮盒外盒（不需要事先退冰），把大塊冰磚倒入碗中，放入電鍋加熱，外鍋放半杯水，跳起放涼一些就能給寶寶食用。

鯛魚 鯛魚花椰菜滑蛋麵

材料：鯛魚 30g、花椰菜 5g、雞蛋 1 顆、麵 100g、高湯適量

步驟：

1. 花椰菜清洗後只取綠色的部分切成碎料，備用。
2. 雞蛋用分蛋器，將蛋黃、蛋白分離，把蛋黃打散備用。
3. 高湯煮沸後，放入花椰菜、麵煮滾，再度加入 1 量杯的高湯，反覆二次。
4. 將鯛魚放入，湯滾後將蛋倒入湯中做成一絲絲的蛋黃就大功告成。需當餐吃完，勿分裝冷凍。

207

鮑仔魚莧菜粥

鮑仔魚蛋黃粥

Tips

煮粥用的高湯，可以選擇食材內就有的肉類，比方；豬肉粥可選擇大骨高湯、排骨高湯，雞肉粥可選擇雞高湯，魚類則可用柴魚高湯、魚高湯等。

鮑仔魚碎料

魩仔魚碎料

材料：魩仔魚、薑片

步驟：

1. 煮一鍋水，水滾後將薑片和魩仔魚放入滾煮約 3 分鐘，去腥和將多餘的鹽分去除。
2. 用濾網把魩仔魚撈起後，把薑片丟棄，把魩仔魚內的雜質撿起丟棄。
3. 用調理棒將魩仔魚打細後，分裝冷凍，煮粥或煮麵時可以拿出來使用。
4. 也可以改在炒鍋中熱油，加入青蔥、蒜片爆香後放入魩仔魚炒熟。

 魩仔魚莧菜粥

材料：魩仔魚 25g、乾香菇 10g、白莧菜 40g、高湯 280cc、米 70g

步驟：

1. 使用乾香菇（比起新鮮香菇，乾香菇散發的香味能蓋過魚勿仔魚的腥味），先洗過再開始泡水，泡開後將香菇柄剪掉，把菇傘用調理棒切成細末 0.3x0.3 公分，香菇水倒入高湯中。
2. 白莧菜汆燙後，用調理棒打成碎料備用。
3. 將米、香菇細末、魩仔魚一起煮成粥，粥起鍋後再放入莧菜碎末。
4. 冷卻後依寶寶食量分裝冷凍。
5. 要吃時用水沖保鮮盒外盒（不需要事先退冰），把大塊冰磚倒入碗中，放入電鍋加熱，外鍋放半杯水，跳起放涼一些就能給寶寶食用。

 魩仔魚蛋黃粥

材料：魩仔魚 10g、雞蛋 1 顆、地瓜 15g、高湯 280cc、米 70g

步驟：

1. 用分蛋器將蛋白和蛋黃分離，蛋黃打散備用。
2. 地瓜削皮後用調理棒切細末備用。
3. 先用高湯把地瓜煮軟後，再加入米、魩仔魚一起煮成粥，起鍋前把青蔥、菠菜碎料和蛋液放入粥中煮熟即可。
4. 冷卻後依寶寶食量分裝冷凍。
5. 要吃時用水沖保鮮盒外盒（不需要事先退冰），把大塊冰磚倒入碗中，放入電鍋加熱，外鍋放半杯水，跳起放涼一些就能給寶寶食用。

香菇 。延伸菜單

Tips
寶寶如果超過1歲後，可以再加入醬油、鹽、蔥綠、洋蔥，讓肉餅更好吃。

香菇肉餅

香菇絲瓜豬肉粥

Tips
雞肉可以選擇雞腿肉或雞胸肉。

香菇蔬菜雞肉粥

香菇 香菇肉餅

材料：新鮮香菇 10g、豬肉（絞 2～3 次）300g、蛋黃 1 顆、
　　　南瓜 100g、西芹 5g、冰糖少許、高湯適量。

步驟：

1. 把香菇的菇柄用剪刀剪掉，只留菇傘，用調理棒切成細末。

2. 南瓜削皮後先切片，西芹摘掉葉子後只取梗，再用調理棒切成細末。

4. 把南瓜、香菇、蛋黃、西芹放入豬絞肉中用手攪拌均勻，手搓揉肉泥直到肉看到起黏黏沒有顆粒，也可以用調理棒把生豬肉再打細一點。

5. 把肉泥捏成肉球後壓扁變成肉餅。鐵盤先抹一層油，把肉餅放入鐵盤後，外鍋放 1 杯水，用電鍋蒸熟，淋上高湯即可給寶寶吃。

香菇 香菇絲瓜豬肉粥

材料：乾香菇 5g、絲瓜 100g、豬肉 25g、髮菜適量、米 70g、
　　　高湯 150g

步驟：

1. 使用乾香菇，先洗過再開始泡水，泡開後將香菇的柄剪掉，把菇傘用調理棒切成細末，香菇水倒入高湯中。

2. 將絲瓜皮削掉，用菜刀將絲瓜切成 0.3x0.3 公分大小備用。

3. 炒鍋加入少許油，將豬肉炒熟，一邊炒一邊把顆粒弄細，如果覺得肉的顆粒還是太大，可以用調理棒再打細。

4. 將豬肉、香菇、米、高湯一起煮成粥，起鍋前再將絲瓜和髮菜放入粥中。

5. 冷卻後依寶寶食量分裝冷凍。食用時用水沖保鮮盒外盒，將大塊冰磚倒入碗中置於電鍋內，以外鍋半杯水加熱。

香菇 香菇蔬菜雞肉粥

材料：新鮮香菇 30g、小白菜 30g、雞肉 25g、米 70g、高湯 280cc

步驟：

1. 新鮮香菇清洗後，用剪刀把傘柄剪掉，用調理棒切成細末備用。

2. 小白菜洗淨、汆燙後，用調理棒切碎備用。

3. 雞肉去皮後燙熟，用手把雞肉剝下來再用調理機打成細絞肉。

4. 將雞肉、香菇、米、高湯一起煮成粥，起鍋後再放入小白菜碎料到粥中。

5. 冷卻後依寶寶食量分裝冷凍。要吃時用水沖保鮮盒外盒，把大塊冰磚倒入碗中，電鍋外鍋放半杯水加熱。

鮮菇虱目魚麵

秀珍菇牛肉粥

秀珍菇碎料

第三階段食譜10〜12個月──秀珍菇碎料・秀珍菇牛肉粥・鮮菇虱目魚麵

212

秀珍菇碎料

材料：秀珍菇

步驟：

1. 秀珍菇清洗後，用調理棒打成碎料。

2. 菇類清洗過後就要立刻烹煮，不能夠再繼續冷藏或存放，如果放置隔天，菇類就會變黑、腐爛。

 ## 秀珍菇牛肉粥

材料：秀珍菇 20g、洋蔥 30g、花椰菜 10g、牛絞肉 20g、米 70g、高湯 280cc

步驟：

1. 秀珍菇、洋蔥、花椰菜清洗後，用調理棒切成碎末。洋蔥和牛絞肉先用炒鍋炒熟炒軟，花椰菜汆燙過備用。

2. 將秀珍菇、米、高湯一起放入電鍋煮成粥，粥起鍋冷卻後才放入小松菜碎料、洋蔥牛肉到粥中。

3. 依寶寶食量分裝冷凍。

4. 要吃時用水沖保鮮盒外盒（不需要事先退冰），把大塊冰磚倒入碗中，放入電鍋加熱，外鍋放半杯水，跳起放涼一些就能給寶寶食用。

 ## 鮮菇虱目魚麵

材料：秀珍菇 20g、乾香菇 10g、無刺虱目魚肚 30g、紅蘿蔔 5g、蔥少許、薑片 3 片、麵 100g、高湯適量

步驟：

1. 將魚、蔥、薑片放入鐵盤，外鍋放 1 杯水，用電鍋將魚蒸熟。蒸熟後取魚肉，用調理棒打成碎料。

2. 乾香菇清洗後泡水，把菇柄用剪刀剪掉，菇傘用調理棒打成碎料，香菇水倒入到高湯中一起使用。

3. 秀珍菇清洗後切成細末備用。

4. 高湯留一碗放旁邊備用，將剩下的高湯煮沸後，放入秀珍菇、香菇煮熟後再放入麵，湯滾後倒入半碗備用的高湯和魚肉，再滾後倒入剩下的高湯，滾後就可以起鍋。

5. 要吃時可以用剪刀將麵條剪成小段，需當餐吃完，勿分裝冷凍。

紅豆餛飩

紅豆甜粥

Tips
也可以用壓力鍋、
萬用鍋煮。

紅豆泥

 ## 紅豆泥 ────────────

材料：紅豆、黑糖、水

步驟：

1. 前一天先將紅豆泡水一整晚。

2. 隔天把水倒掉後，另外加水放到內鍋的 8 分滿，外鍋 2 杯水，電鍋開關跳起來後燜半小時，如果紅豆沒有熟，可以再放 2 杯水煮一次。

3. 將煮熟的紅豆用調理機一邊加水打泥，一邊將黑糖加入打成紅豆甜泥。

4. 冷卻後依寶寶食量分裝冷凍。要吃時用水沖保鮮盒外盒，把大塊冰磚倒入碗中，放入電鍋加熱，外鍋放半杯水，跳起放涼即可。

 ## 紅豆餛飩 ────────────

材料：紅豆適量、黑糖少許、水、餛飩皮（視寶寶食量調整）

步驟：

1. 前一天先將紅豆泡水一整晚。

2. 隔天把水倒掉後，另外加水放到內鍋的 8 分滿，外鍋 2 杯水，電鍋開關跳起來後燜半小時，如果紅豆沒有熟，可以再放 2 杯水煮一次。

3. 將煮熟的紅豆用調理機一邊加水打泥，一邊將黑糖加入打成紅豆甜泥，水要加少一些，讓紅豆泥呈現較乾的黏稠狀，冷卻備用。

4. 準備餛飩皮將紅豆泥放在皮中央，把水沾在餛飩皮四周，再將餛飩皮對折成三角形。準備一鍋水，水滾後放入餛飩，煮到皮略為透明就可撈起放涼給寶寶吃。

 ## 紅豆甜粥 ────────────

材料：紅豆 25g、黑糖 15g、水 280cc、米 70g、白芝麻粉 5g

步驟：

1. 前一天先將紅豆泡水一整晚。

2. 隔天把水倒掉後，另外加水放到內鍋的 8 分滿，外鍋 2 杯水，電鍋開關跳起來後燜半小時，如果紅豆沒有熟，可以再放 2 杯水煮一次。

3. 也可以用壓力鍋、萬用鍋煮。

4. 將煮熟的紅豆用調理機加水打泥，並將白芝麻、黑糖加入打成紅豆泥。

5. 用水先將米煮成白粥，加入紅豆泥前要注意米粒一定要煮化，起鍋前再將紅豆泥加入攪拌均勻。

6. 冷卻後依寶寶食量分裝冷凍。要吃時用水沖保鮮盒外盒，把大塊冰磚倒入碗中，放入電鍋加熱，外鍋放半杯水，跳起放涼即可食用。

番茄起司豬肉粥

寶寶番茄麵

番茄雞肉麵線

番茄 ### 番茄雞肉麵線

材料：番茄 15g、雞肉 25g、高湯適量、高麗菜 40g、麵線 1 人份

步驟：

1. 雞肉剝皮後入滾水煮熟，用手把雞肉剝下來後用調理棒打成細末。
2. 高麗菜、番茄切成 0.3x0.3 公分的碎末備用。
3. 準備一鍋熱水，煮滾後加入麵線，用筷子翻動避免黏在一起，約 30～50 秒後，放入一碗冷水，再次沸騰後就能撈起麵線泡入冰水中，撈起後放入一旁備用。
4. 將高湯煮滾後，先放入高麗菜、番茄煮熟後再放入麵線、雞肉，湯滾後就可以起鍋。麵線需當餐吃完，勿分裝冷凍。

番茄 ### 寶寶番茄麵

材料：番茄 100g、雞肉 25g、洋蔥 30g、紅蘿蔔 20g、冰糖少許、高湯 250g、冰水一碗、根管麵 100g

步驟：

1. 肉剝皮後滾水燙熟，用手把雞肉剝下來後用調理棒打成細末。
2. 將番茄、紅蘿蔔、洋蔥切成 0.3x0.3 公分的碎末。炒鍋中放入少許油，把紅蘿蔔下鍋炒熟後，放入洋蔥、番茄、冰糖炒熟，加入高湯（淹過食材），小火將番茄熬煮到完全軟爛。
3. 煮一鍋水滾後，把根管麵放入滾水煮 7～8 分鐘，撈起熟麵放入冰水，麵降溫後撈起瀝乾，把乾麵和番茄醬汁混和。需當餐吃完，勿分裝冷凍。

番茄 ### 番茄起司豬肉粥

材料：番茄 20g、豬絞肉 25g、地瓜 30g、起司一片、米 70g、高湯 280cc

步驟：

1. 將番茄、地瓜切片後用調理棒切成 0.3x0.3 公分的碎末備用。
2. 用炒鍋把豬肉炒熟備用，若豬肉還是顆粒太大，可以用調理棒打細。
3. 用高湯把地瓜煮到熟透後，放入電鍋內，加入米、番茄一起煮成粥，最後起鍋前加入豬肉。
4. 依寶寶食量分裝冷凍，每一個分裝盒放入 1 小塊起司。
5. 要吃時用水沖保鮮盒外盒，把大塊冰磚倒入碗中，放入電鍋加熱，外鍋放半杯水，跳起放涼把粥和起司攪拌混和均勻就能給寶寶食用。

第三階段食譜10～12個月──小黃瓜蛋捲・黃瓜南瓜寶寶疙瘩麵・黃瓜瓠瓜豬肉粥

小黃瓜蛋捲

黃瓜南瓜寶寶疙瘩麵

黃瓜瓠瓜豬肉粥

小黃瓜 **小黃瓜蛋捲** ————————————————

材料：小黃瓜半條、雞蛋 3 顆、鮭魚肉適量、高湯 40cc

步驟：

1. 用削皮刀把小黃瓜表皮削掉薄薄一層，切成 0.3x0.3 公分的小丁。

2. 炒鍋入油將鮭魚肉煎熟，放涼後用手一邊檢查有無細刺，一邊把魚肉弄碎。

3. 雞蛋用分蛋器分出蛋黃，將蛋黃加高湯打散，蛋黃加高湯後煮起來會較為柔軟。

4. 平底鍋抹上一層油，熱鍋後把蛋液倒入，用筷子攪拌鍋中蛋液幾下，蛋半熟時關火，放入小黃瓜和鮭魚後就把蛋皮捲起來包覆住食材。

5. 開火稍微再煎一下確認蛋熟就可以起鍋。

 小黃瓜 **黃瓜南瓜寶寶疙瘩麵** ————————————————

材料：小黃瓜 50g、蛋黃 1 顆、中筋麵粉 150g、南瓜 30g、薑、
　　　水 125cc、高湯適量

步驟：

1. 用削皮刀把小黃瓜表皮削掉薄薄一層，切成 0.3x0.3 公分的小丁。

2. 把南瓜煮熟後，用調理機打成泥備用。

3. 薑打成泥，用紗布巾過濾留薑汁少許備用。

4. 將水加入蛋黃中打散，再慢慢加入麵粉，用打蛋器把麵粉攪拌成麵糊，順時針方向攪打避免氣泡產生，麵糊必須是濃稠帶有流動性。將打好的麵糊用保鮮膜蓋好等 5 分鐘醒麵。

5. 煮一鍋滾水，將麵糊一小塊一小塊放入水中，盡量用手把麵糊捏小塊一些放入滾水中。待麵疙瘩浮起後就是熟了。

6. 取一鍋子倒入高湯煮滾後，加入小黃瓜、南瓜泥、薑汁，最後再放入麵疙瘩，煮滾後就可以起鍋。需當餐吃完，勿分裝冷凍。

 小黃瓜 **黃瓜瓠瓜豬肉粥** ————————————————

材料：小黃瓜 20g、瓠瓜 15g、地瓜 30g、豬絞肉 25g、米 70g、高湯
　　　280cc

步驟：

1. 小黃瓜、瓠瓜、地瓜削皮切片，用調理棒切成 0.3x0.3 公分的碎末備用。

2. 豬肉用炒鍋炒熟，一邊炒一邊弄散，起鍋後放旁邊備用。

3. 用高湯將地瓜煮熟後，整鍋移入電鍋內，加入米、小黃瓜、瓠瓜煮成粥，起鍋後放入豬肉拌勻即可。

第三階段食譜10～12個月——洋蔥豬肉碎料．番茄馬鈴薯麵疙瘩．偽焗麵

偽焗麵

洋蔥豬肉碎料

番茄馬鈴薯麵疙瘩

Tips

豬肉只要加熱就會黏在一起？只要跟其他蔬菜，如洋蔥一起炒就能避免！炒熟後分裝冷凍，忙碌時就可以拿出來跟粥一起加熱給孩子吃。

洋蔥 ─────────────────────────

洋蔥豬肉碎料 ────────────────────

材料：洋蔥 100g、豬絞肉 100g、豬油少許

步驟：

1. 洋蔥切片用調理棒切成 0.3x0.3 公分的碎料，備用。

2. 炒鍋中放入豬油，熱鍋後先放入洋蔥小火拌炒到軟後，再加入豬肉炒熟後起鍋放涼。

3. 用保鮮盒分裝成一小份一小份冷凍保存，煮粥時可以拿來使用。

洋蔥

番茄馬鈴薯麵疙瘩 ──────────────

材料：番茄 30g、馬鈴薯 30g、洋蔥 50g、玉米少許、菠菜 1 把、中筋麵粉
　　　150g、蛋黃 1 顆、水 125cc、高湯

步驟：

1. 水 250cc、蛋黃 2 顆先打散後，慢慢加入麵粉，用打蛋器順時針方向把麵粉攪拌成麵糊以避免氣泡產生，麵粉糊必須是濃稠帶有流動性。打好的麵糊用保鮮膜蓋好等 5 分鐘醒麵。

2. 煮一鍋滾水，將麵糊一小塊一小塊放入水中，盡量用手把麵糊捏小塊一些放入滾水中。待麵疙瘩浮起後就是熟了。

3. 馬鈴薯削皮切片，用調理機打成泥；番茄切片後用調理棒切成碎末、洋蔥和玉米切碎；菠菜去梗汆燙後用調理棒切碎備用。

4. 高湯煮滾後放入番茄丁、馬鈴薯泥、麵疙瘩，煮滾後就可以起鍋，起鍋後加入菠菜碎料。需當餐吃完，勿分裝冷凍。

洋蔥

偽焗麵 ──────────────────────

材料：起司絲少許、雞肉 30g、洋蔥 40g、紅蘿蔔 20g、豌豆 5g、
　　　彎管麵 120g（煮熟的重量）

步驟：

1. 雞肉去皮後和豌豆一起汆燙，煮熟後用手把雞肉剝下來，再將豌豆和雞肉以調理棒打成細絞肉和碎料。

2. 洋蔥、紅蘿蔔切片後，用調理棒切成 0.3x0.3 公分的碎料備用。

3. 煮一鍋水，水滾後放入彎管麵，煮 7 分鐘後撈起泡入冰水冰鎮麵體，讓麵不會繼續軟爛。

4. 在陶瓷碗內底層依序放入彎管麵、雞肉、洋蔥、紅蘿蔔、豌豆，起司絲放在最上面。

5. 烤箱溫度設定 150℃，烤 5 ～ 10 分鐘，起司絲融化就能起鍋。需當餐吃完，勿冷凍分裝。

蓮子排骨蔥粥

寶寶燉白菜

白蔥粥

蔥 蓮子排骨蔥粥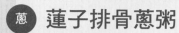

材料：排骨 4 ～ 5 塊、蓮子適量、枸杞少許、蔥 5g、米 70g、高湯 280cc

步驟：

1. 將排骨汆燙、蓮子清洗後，一起放入電鍋，內鍋水加到 8 分滿，外鍋 2 杯水蒸煮。

2. 湯冷卻後，過濾湯頭、排骨和蓮子。湯放入冷藏，隔天用撈油匙撈掉 表面的油脂。

3. 青江菜、蔥、枸杞汆燙後用調理棒切成碎末。

4. 將排骨高湯、蓮子、米放入電鍋煮成粥，起鍋後再放入青江菜、蔥及 枸杞。

5. 冷卻後依寶寶食量分裝冷凍。

6. 要吃時用水沖保鮮盒外盒（不需要事先退冰），把大塊冰磚倒入碗中， 放入電鍋加熱，外鍋放半杯水，跳起放涼一些就能給寶寶食用。

蔥 寶寶燉白菜

材料：新鮮香菇 5 朵、大白菜 1 顆、新鮮黑木耳 10g、蔥少許、昆布高湯

步驟：

1. 菇清洗後，用剪刀把菇柄剪掉；黑木耳清洗後把較硬的部分用剪刀剪 掉（不要用乾燥黑木耳，煮起來較Q彈，寶寶較無法吞嚥）打碎備用。

2. 大白菜把較粗的芯和菜梗去除（如果不去除就要烹煮較長的時間讓芯 軟爛），青蔥切成碎末備用。

3. 炒鍋放少許油，熱鍋後轉大火放入香菇、黑木耳拌炒至香味散發出來 後，再加入大白菜和蔥，最後倒入昆布高湯燉煮，轉小火煮 30 分鐘。

4. 冷卻後分裝冷凍，寶寶胃口不好時可以當成正餐吃，也可以另外煮麵 一起搭配著吃。

蔥 白蔥粥

材料：蔥 50g、米 70g、水 280cc

步驟：

1. 蔥用調理棒打成碎末或打成泥。

2. 蔥、米、水一起用電鍋煮成蔥粥。

3. 寶寶感冒生病時應避免攝取蛋白質，可用這道簡單的蔥粥讓寶寶增加血 液循環，讓身體有體力。

可樂餅

Tips

寶寶 1 歲後，可於炒鍋中
放入少許油，油熱後轉小
火，把可樂餅放入低溫炸到
表面金黃即可起鍋。

健康洋芋片

可樂餅 ────────────────────────

材料：馬鈴薯 400g、洋蔥半顆、玉米 30g、麵包粉適量、蛋黃 2 顆

步驟：

1. 馬鈴薯削皮後，用電鍋蒸熟，再用調理棒不加水打成泥。

2. 洋蔥切成細末後，和玉米用炒鍋炒熟備用。

3. 把洋蔥、玉米和馬鈴薯泥混和均勻後捏成橢圓形，沾上蛋液後再沾上少許的麵包粉。

4. 置於氣炸鍋中以 200 度炸 15 ～ 20 分鐘，或是置於已經預熱到 180 度 c 的烤箱中烘烤 15 分鐘即可（請視家中烤箱溫度調整）。

5. 冷卻後就可以讓寶寶手拿著吃。

健康洋芋片 ────────────────────────

材料：馬鈴薯 3 顆

步驟：

1. 削皮後切成非常薄的薄片。

2. 下油鍋炸到呈現金黃色為止，如果用烤箱則是 150℃烤 10 分鐘。

3. 大人小孩都可以一起吃的零嘴。

地瓜軟餅

黑木耳甜露

地瓜軟餅

材料：地瓜 300g、太白粉適量、水適量

步驟：

1. 地瓜削皮蒸熟後，不加水用調理棒打成泥。
2. 太白粉和水調和後，和地瓜泥混和均勻。
3. 平底鍋熱鍋後，塗上少許的油，把地瓜泥捏成一小團，放入鍋中二面煎熟，表面有點焦香就可以起鍋。
4. 冷卻後就可以讓寶寶手拿著吃。

黑木耳甜露

材料：黑木耳 100g、水 50g、黑糖少許

步驟：

1. 把新鮮黑木耳蒂頭切除，切成一片一片。
2. 放入電鍋，水淹過黑木耳蒸熟。
3. 將黑木耳、水和黑糖放入調理機打成泥就能給寶寶吃，如果要變成甜湯，可以加多一些水。

第四階段── 12～24 個月過渡期食品

孩子的成長與食物的狀態

　　1 歲後的寶寶會逐漸喜歡上顆粒的食物，媽媽可以逐步讓孩子從軟軟的半固體逐漸轉換成固體。有些媽媽會很堅持要讓孩子繼續吃泥到 2 歲多，不過半數會遇到的困難是孩子不願意接受。鈞在 1 歲前很喜歡吃香蕉泥，但是 1 歲後只願意吃香蕉塊，除了厭膩泥狀物外，也因為咀嚼能力的發育，寶寶此時會非常喜歡很軟的顆粒食物。

　　顆粒食物的選擇可以是「燉飯」、「燴飯」、「炒飯」或「軟飯」（這裡指的都是寶寶吃的副食品型態，跟大人吃的是不一樣），假如孩子喜歡的是飯和菜混在一起，你可以選擇燉飯、炒飯。假如喜歡飯和菜分開吃，你可以選擇軟飯，假如喜歡吃較濕潤，你可以選擇燴飯。

　　轉換食物型態可以採用每餐先吃完粥後（不要讓寶寶吃飽），在接著以玩票性質讓寶寶試吃「燉飯」、「燴飯」、「炒飯」或「軟飯」。

各種食材烹煮、冷凍與加熱秘訣：冰磚製作與運用

肉類

　　豬肉、牛肉、雞肉選擇絞 2 或 3 次的細絞肉，1 歲後，可以使用一些炒法讓肉類更美味：

· 蒜頭爆香：鍋中入油燒熱，放入蒜頭、蔥綠將油爆香，把蒜頭和蔥撈掉後，加入絞肉，以小火慢慢炒熟後，再用調理棒將肉類打得更細或打成泥。

我的寶寶討厭吃肉／青菜，請問我該怎麼讓孩子吃下去？

　　寶寶不會說話，只會用哭聲或動作讓媽媽了解他的需求，然而媽媽遇到寶寶只喜歡吃特定食物時，在希望能讓寶寶攝取到營養均衡的前提下，都會硬逼著孩子吃下去，此時就會看到寶寶大哭，媽媽抓狂的事情發生。如果這樣的情形繼續維持下去，慢慢寶寶看到碗就會哭，厭惡吃飯。

　　鈞媽有個朋友在小時候，他媽媽常常硬逼著他吃豬肉，致使他終身幾乎不碰豬肉，如同鈞媽小時候曾聽到大人說茄子有毒，後來幾乎不敢吃茄子是一樣的道理（下意識就是不敢去碰這項食物）。

維持餐桌上愉快氣氛是彼此雙贏，那麼該怎麼讓寶寶吃下不喜歡吃的食物呢？有三項簡單的要訣：

❶ 混到飯菜中：鈞很討厭吃綠色蔬菜，我就會煮炒飯、燉飯，把青菜切到極細，炒的時候混進飯中，讓肉的比例大過青菜。

❷ 讓他看不見：假如討厭吃肉，可以把肉打成泥，混到麵、飯中，或是先熬肉湯，再將肉湯拿來煮粥或飯。假如討厭吃青菜，可以把青菜打成泥，混到肉中做成肉餅、肉丸、絞肉。

❸ 把味道蓋掉：有媽媽反應，我小孩超厲害，都已經把青菜切碎混到肉中，或是把青菜打成泥混到飯中，還是會將碎青菜一一挑出來、吐出來或是直接拒吃。這是因為寶寶聞到了青菜的味道。善用其他味道來掩蓋，比方說先用蒜頭將肉爆香，再

混入青菜泥，或是使用甜味蔬菜，比方說玉米、地瓜等。記得寶寶不喜歡吃的食材比例都不要抓太高，避免寶寶不吃。

- **洋蔥炒香**：鍋中入油燒熱，放入洋蔥小火略炒，再將肉放入慢炒，起鍋時要確認洋蔥已經變黃變軟。

- **酒去腥**：鍋中入油燒熱，將肉放入拌炒，加入少許米酒，一邊將肉炒熟，要確認酒已經完全揮發後才能起鍋。（如果你很介意寶寶可能會喝到酒，可以忽略這個方法，不過這是最常使用在肉去腥的方法喔！）

- **分裝冷凍**：肉炒熟、用調理棒打細後，用密封袋或密封盒將肉分裝冷凍，要吃時再拿出來加熱煮成炒飯、燉飯等。

將肉炒熟打細後可運用於各種食譜。

🐟 魚類

　　魚只要稍微不新鮮，腥味就會很重，尤其像鈞媽很少吃魚，不管魚怎麼新鮮都會覺得有些許腥味，怎麼料理才會更美味呢？

- **煎魚**：鍋中入油燒熱，加入切片蒜頭爆香後，放入整條魚，先等一面的魚肉熟了後，再翻面煎另一面，等到魚肉表面有點焦黃後就能起鍋。不過好的鍋子對於能不能把魚煎得漂亮是很重要，像鈞媽家中的鍋子，每次煎完魚，魚肉已經全散了。魚肉用煎會非常的香，缺點是會比較油膩。

- **蒸魚**：將薑片數片、蔥綠、魚肉和少許的醬油放入盤中，外鍋放 1 杯水，用電鍋蒸熟。

- **運用天然調味料**：也可以改擺少許豆豉在魚肉上面，用電鍋蒸。魚肉煮熟、放涼後，將魚刺全部挑起來，把魚肉用手弄碎後再用密封袋或密封盒將肉分裝冷凍，要吃時再拿出來加熱煮成炒飯、燉飯等。

煮熟的魚肉碎，方便隨時用於料理。

根莖類

先切片後,再用調理機或調理棒切碎,不需烹調,直接分裝冷凍,要煮副食品的時候再跟飯一起煮熟。

根莖類可製成冰磚運用。

蔬菜水果類

要烹煮前再切碎,不建議事先處理或冷凍。

各種飯類的煮法、讓食物更好吃的秘訣

大人的飲食對 12 ～ 24 個月的寶寶是不適合的,太硬、顆粒過大、調味也過重。多數的小孩會直到上幼兒園或 3 歲後才會跟大人吃同樣的食物(不過近年來已經有逐漸下降的趨勢)。

1. 軟飯的煮法 —— 2 餐份

材料:米 1 杯(140g)、高湯 3 杯(420cc)

步驟:

1. 米洗淨後,將髒水倒掉,倒入過濾水浸泡 1 小時。
2. 放入電鍋,外鍋放 1 杯水,按下開關開始煮飯。
3. 開關跳起來後燜 30 分鐘就大功告成。

> **美味 Tips** 等寶寶吃軟飯習慣後,媽媽可以逐步改成 1 杯米、2 杯高湯或 1 杯米、1 杯半的高湯。

🍌 2. 燉飯的煮法 —— 2 餐份

材料：米 140g、高湯 280cc、各式蔬菜和細絞
肉 170g、鹽或醬油少許（也可以省略不
加）、 油少許

步驟：

　　將蔬菜、絞肉全部切碎，連同米、高湯放入內鍋，外鍋放 1 杯水，按
下開關煮飯，跳起來後燜 30 分鐘，攪拌均勻即可給寶寶吃。

🍌 3. 燴飯 —— 3 餐份

材料：根莖類蔬菜／葉菜類蔬菜 120g、蒜
片少許、肉泥或細絞肉 80g、高湯
200 ～ 250cc、鹽或醬油少許（也可以省略
不加）、油少許

步驟：

1. 將蔬菜切成小塊備用。
2. 鍋中入油燒熱，加入蒜片爆香後，再將蒜片撈除。
3. 將肉放入拌炒至 7 分熟時，再將蔬菜加入拌炒，加少許水讓肉和菜不黏
   鍋。
4. 待菜和肉都熟了後，倒入高湯，煮至沸騰後就能起鍋。
5. 燴料冷卻後，媽媽可以按照一餐所需份量分裝，要吃的時候只要取出加
   熱淋在白飯上即可。

4. 炒飯

材料：雞蛋1顆、蔬菜100g、細絞肉或肉泥
　　　50g、油少許、白飯或軟飯1碗（用新鮮的白
　　　飯，柔軟度會比較適合小孩）、鹽或醬油少許

步驟：

1. 鍋中入油燒熱，先將蔬菜炒熟盛起備用。

2. 再將細絞肉炒熟，盛起備用。

3. 蛋炒到半熟，盛起備用。

4. 白飯下鍋，跟蔬菜、細絞肉、蛋一起拌炒均勻就可以起鍋。

鈞媽　碎碎念　為什麼要把肉炒熟後再放入調理棒、調理機打碎／打泥，不能用生肉先打呢？

因為調理機和調理棒是使用旋轉刀片，生肉帶有肉筋，容易捲入旋轉刀片的隙縫中，不易清洗乾淨。而且生肉中帶有大腸桿菌，假如沒有清洗乾淨，下一次再拿來打熟的食材時，就會造成交叉汙染，寶寶吃了後會拉肚子，所以建議調理機或調理棒單純只打煮熟的肉，且每次使用前都要用熱水先消毒過。

建議調理機或調理棒單純只打熟肉。

餵食次數、與母乳 or 配方奶的搭配

12～24 個月的寶寶逐漸跟大人同時間吃飯，一天三餐，媽媽可以選擇讓寶寶斷奶或直接斷奶，也可以選擇只喝早晚奶。

只喝早晚奶

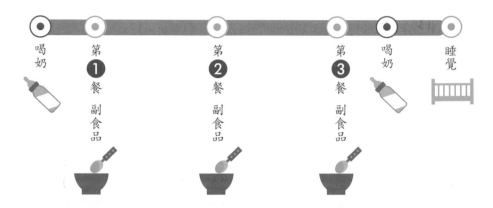

直接斷奶

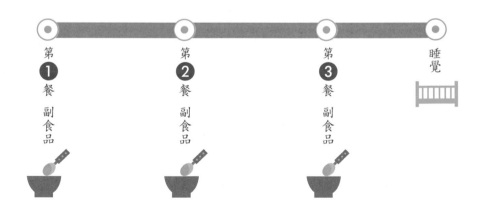

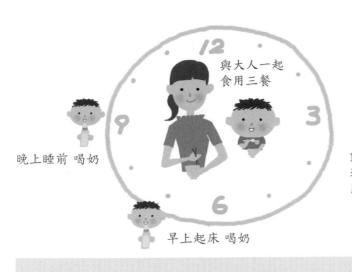

與大人一起
食用三餐

晚上睡前 喝奶

1 歲以後的寶寶可以
逐漸跟媽媽一起食
用三餐囉！

早上起床 喝奶

鈞媽 碎碎念 開始吃軟飯、麵後，我還是可以跟以前一樣煮一週份
的副食品，分裝冷凍嗎？

　　不建議。因為粥或泥的含水量較多，冷凍再加熱後，水分依舊
可以讓食物泥和粥保持滑順綿密，但是飯和麵含的水分少，分裝冷
凍後，當米飯（澱粉）降溫到 4℃時，會產生澱粉老化現象，米飯
變硬，接下來冷凍過程中，冰箱的風會持續帶走飯或麵的水分，且
家用冰箱的環境無法瞬間讓食物結凍，需花費 1 個小時以上，在結
凍的過程中，飯和麵體本身也會不停吸收水分，致使冷凍過後再加
熱的飯或麵，味道不佳，也會較硬不好吃。

　　所以當寶寶開始改吃飯、麵時，媽媽必須當天烹煮或餐餐現煮，
假如媽媽較忙碌的狀況下，平日可以只冷凍分裝熟的蔬菜、肉，善
用飯用電子鍋的定時煮飯功能，前一天將白飯和水放入電子鍋，隔
天孩子要吃飯時，加熱蔬菜、肉搭配剛煮好的飯，就能快速上桌。

〔小重點〕

・ 飯和麵須天天新鮮現煮

・ 食材可平日處理好分裝冷凍

麵條最好新鮮現煮。

鈞媽推薦的 **10** 種營養食材

冬瓜

食材特色

　　冬瓜水分含量高，鈉含量低、鉀含量較高，利尿消腫，可以預防感冒，冬瓜煮起來非常軟，無論冷熱都很好吃，夏季寶寶胃口不好時是很好入口的食材。但是冬瓜在中醫部分，是屬於寒性蔬菜，如果發現寶寶吃了有腹瀉的情形（寒性體質）就要暫停食用。

挑選‧調理方法

‧**挑選**：外觀完整，形狀均勻，表層有白色粉末，沒有腐爛現象者佳。切開後果肉要潔白有彈性。完整的冬瓜可以放室溫保存，如果切開就要用報紙包起來放冷藏保存。

‧**調理方法**：用削皮刀把外層綠色削掉，留下大部分的果肉烹煮。

> **美味**
> Tips
> 　　冬瓜和薑的味道非常搭配，媽媽可以採用薑汁製作冬瓜料理。

鴻喜菇

食材特色

　　鴻喜菇富含維生素 D、大量胺基酸、維生素 B 群、多醣體，烹煮後會產生菇的甜味卻沒有菇的腥味，很適合小朋友吃。

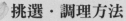 **挑選・調理方法**

- **挑選**：外表完整，沒有腐爛變色，菇傘偏小，顏色深褐。
- **調理方法**：清洗後可以拌炒也可以直接烹煮。

> **美味 Tips**
> 炒菇時，不需要再另外放水，只要小火炒一下，菇就會自行產生大量水分。

玉米

食材特色

　　玉米甜分很高，含有大量澱粉，熱量高，可以作為主食，且擁有膳食纖維、蛋白質、磷、鉀、鐵、維生素 B_1、B_2、C、胡蘿蔔素和葉黃素等，其中葉黃素對眼睛很好。除此外，玉米營養成分高，能改善便秘、消化不良、食慾不振、增加血液循環，還能防癌和改善糖尿病，是可多吃的食物。

　　製作副食品時要注意，因為玉米的膳食纖維含量較高，沒有充分咀嚼的話，腸胃不易消化，跟紅蘿蔔一樣容易被排泄出來。

挑選・調理方法

- **挑選**：玉米表面顆粒緊密排列沒有過多隙縫，盡量買外層有玉米葉和鬚的玉米，且玉米鬚是黃色而非乾燥、變白色的。
- **調理方法**：煮熟後再用調理機打成泥，除了讓寶寶腸胃好消化，玉米泥也能讓甜味滲入整碗粥或飯中。

芥藍菜

食材特色

　　有豐富的維生素 A、C、蛋白質、鈣質，是常見的蔬菜，因為低草酸又高鈣，容易吸收到鈣質。芥藍菜可幫助腸胃蠕動、排便順利、促進消化，其中所含的維生素 B6 和葉酸可以幫助人體膠原蛋白的產生。

挑選・調理方法

- **挑選**：要挑綠色葉片較多的，黃色或枯黃較多的就要挑除掉或不購買。
- **調理方法**：去梗只取菜葉，用調理棒打成碎末。

美味 Tips

　　芥藍菜有一點苦味，和青江菜、芥菜一樣，要去除或減低苦味可以汆燙後直接冰鎮、打碎或是加一點冰糖中和苦味。

可加糖中和苦味。

鈞媽碎碎念　寶寶都已經吃顆粒了，我還需要打泥嗎？

　　寶寶就算已經吃顆粒食材或軟飯，但是媽媽還是可以把不好消化的食材打成泥，如紅肉、玉米；也可以把比較甜或容易氧化的食材打成泥，如南瓜、菠菜，讓粥或軟飯更甜更好吃。

百合

🍌 食材特色

百合是指百合花的地下球莖，盛產季為每年秋季，新鮮百合甘甜，多做為料理入菜；乾燥百合多做為藥用，帶有些許苦味。

百合可以安神安眠、潤肺止咳、清熱利尿、促進營養代謝、清除體內疲勞、改善睡眠、調解女性經期、改善腸胃、皮膚美白、清除有害物質。百合含有很多的生物鹼、蛋白質、鉀、鈣、磷、維生素C和豐富的膳食纖維，適合小孩和女性食用。

🍌 挑選・調理方法

- **挑選**：新鮮百合可到傳統市場、農會等地方購買，百合花瓣要肥大、淡黃色、大小均勻無腐爛或變褐色者為佳；乾燥百合可至中藥房購買，注意不要購買過白、需呈淡黃色、無異味者佳。
- **調理方法**：新鮮百合清洗後把腐爛或褐色部分剃除，剩下的直接烹煮到透明就是熟了。乾燥百合要先泡煮後，先放入滾水中煮 5 ～ 10 分鐘，把水倒掉將剩下的百合切碎。

> **美味 Tips** 乾燥百合雖然有中藥藥效，但是帶有苦味，建議料理時除了用滾水先把苦味煮過外，使用的量也要減少，才不至於讓副食品變成苦的。

大蒜

🍌 食材特色

　　大蒜含有大蒜素,有抗菌力、殺菌作用,能增強免疫力,大蒜含有維生素 B_1 和大蒜素交互作用能消除疲勞、增強活力、促進血液循環。在副食品中,用大蒜把油爆香,增加食物的香味,幫助刺激食慾。

🍌 挑選・調理方法

- **挑選**:大蒜應挑選結實、顆粒大且均勻,整顆無分裂者佳,沉重無腐爛。市場上有賣剝好的大蒜片,可以加速媽媽料理的速度,只是剝好的大蒜僅能放 1～2 天,如果要長期保存還是要買整顆的大蒜放在網袋中置於通風處。
- **調理方法**:鍋中入油燒熱,放入剝皮切片的大蒜,以小火把蒜片煎到金黃,把蒜片撈除後,用剩下的蒜油炒熟副食品。若要製作蒜油,可剝 30 顆蒜片,將 1 瓶橄欖油倒入鍋中煮到有些微泡泡後轉小火,放入大蒜,把蒜頭煮軟後放涼再倒入罐中保存。用爆香方式的蒜油比較香,蒜油則比較屬於微香,媽媽可以試料理選擇。

> **美味 Tips**
> 　　大蒜煮水或煮湯,可以幫助血液循環與流汗,讓感冒快速恢復。

起司

🍌 食材特色

市面上的起司種類非常繁多，大致上起司富含蛋白質和脂肪、鈣、維生素 A、B 群、磷、胺基酸等，除了鈣、蛋白質可以取代牛奶外，天然的鹹味可以讓副食品更好吃。

🍌 挑選・調理方法

- **挑選**：市面上有專門的寶寶起司，媽媽在挑選時可針對低鈉做挑選，3 歲以下孩童鈉攝取量應低於 800mg。
- **調理方法**：煮好粥冷卻分裝後，放入 1 小塊，再度加熱時把起司跟粥攪拌均勻即可。

黑／白芝麻

🍌 食材特色

芝麻營養成分中脂肪佔了一半，而蛋白質、醣類、膳食纖維都非常豐富，也有維生素 B 群、E 與鎂、鉀、鋅及多種微量礦物質。芝麻雖然很多脂肪，但是不飽和脂肪酸就佔 45%，有助於調節脂肪酸，另外黑芝麻含有豐富的鐵，對於缺鐵性貧血的寶寶是很好的補充，小孩常見缺乏營養素有鈣、鐵、鎂，芝麻都含有。熱量高，對於需要長胖的寶寶也很重要。

🍌 挑選・調理方法

- **挑選**：鬆散沒有結塊，也沒有白白的顆粒，結塊就表示可能受潮或長蟲。
- **調理方法**：芝麻可以直接加入食物內打成泥或事先打成粉備用，也可以撒在食物上面。

> **美味 Tips**
>
> 有些媽媽會直接買芝麻粉，然而芝麻粉會隨著時間和空氣接觸，香氣越來越少。最好的方法是直接買芝麻粒，小火乾鍋把芝麻炒香後，用調理機打成粉，再用密封罐保存，要用時直接加入食物泥中。

甜椒

🍌 食材特色

甜椒有分青、紅、黃等多種顏色，副食品採用多是紅、黃椒，能讓色彩看起來鮮豔有食慾。甜椒富含 β 胡蘿蔔素、水分、維生素 A、C、K、B 群、鉀、磷、鐵等，胡蘿蔔素可幫助增加免疫力，膳食纖維幫助消化，活化細胞和美白皮膚，生吃可以補充大量維生素 C，甜椒有微量的辣，可以幫助身體排汗、血液循環。

🍌 挑選・調理方法

- **挑選**：形狀完整、無腐爛。
- **調理方法**：甜椒剖半後去籽，切成小丁，熱鍋後用油大火快炒後就起鍋，保留大部分的維生素 C 和胡蘿蔔素與維生素 A、K 的吸收。

> **美味 Tips**
>
> 因為甜椒的味道不是每個孩子都能接受，烹煮時應降低甜椒的比例，增加其他香氣或甜味更重的蔬菜。

虱目魚

🍌 食材特色

市面上有無刺的虱目魚肚，適合拿來製作副食品。虱目魚有豐富的脂肪，維生素 B_1、維生素 A、DHA、維生素 E、膠質、鈣、磷、蛋白質、礦物質、Omega-3 等等。

🍌 挑選・調理方法

- **挑選**：魚眼明亮、魚鱗完整銀亮、魚鰓鮮紅、魚肉白實無異味。
- **調理方法**：油煎：熱油鍋後，以魚皮部分放於鍋底先煎到焦黃後再翻面後起鍋。清蒸：放入薑、蔥，裝盤後外鍋放 1 杯水，放入電鍋內蒸熟。

> **美味 Tips** 清蒸可以用豆豉取代薑、蔥蒸魚，蒸出來的魚肉會帶有鹹味更好吃。

冬瓜。延伸菜單

關於 12 ～ 24 個月寶寶食譜
以下食材份量,媽媽可以自由調整。

冬瓜豬肉粥

冬瓜牛肉麵線

冬瓜肉燥

244

冬瓜豬肉粥 ———————

材料：冬瓜 300g、豬肉 100g、枸杞少許、米 100g、高湯 500cc

步驟：

1. 用削皮刀把冬瓜綠色外皮削掉，切成約 2x2 公分塊狀備用。

2. 枸杞洗淨備用。

3. 將枸杞、米、高湯一起煮成粥，煮到一半時再放入冬瓜、豬肉煮熟。如使用電鍋可以將所有食材一起放入。粥起鍋後放涼。

4. 依寶寶食量分裝冷凍。要吃時用水沖保鮮盒外盒，把大塊冰磚倒入碗中，放入電鍋加熱，外鍋放半杯水，跳起放涼給寶寶食用。

 冬瓜肉燥 ———————

材料：冬瓜 300g、豬肉 300g、冰糖少許、不會鹹的醬油 150g、
鹹的醬油 70g、水 500g、紅蔥頭少許、豬油 1 匙。

步驟：

1. 冬瓜削皮後，切成 2x2 公分備用。

2. 新鮮紅蔥頭剝皮後，用調理棒切成細碎、曬乾；熱鍋放入半鍋豬油，將乾紅蔥頭放入炸到金黃後就可以起鍋、放涼。將油蔥酥油裝入罐子保存，平時料理可以用。

3. 熱鍋加入 1 匙油蔥酥油，將豬肉放入鍋中用小火慢慢炒熟，再放入醬油、冰糖、水開始滷肉燥，20 分鐘後放入冬瓜蓋上鍋蓋繼續滷 15 分鐘後就可以起鍋、放涼、分裝。放入冷凍，需要時再拿出來跟粥一起煮。

冬瓜牛肉麵線 ———————

材料：冬瓜 300g、地瓜 20g、牛絞肉 20g、醬油 4 匙、蒜頭 3 片、
麵線 200g（煮熟的重量）、水適量、高湯適量

步驟：

1. 冬瓜削皮後，切成 2x2 公分備用。

2. 地瓜削皮後切片，用調理棒打成細碎備用。熱鍋放入 1 匙油，先把蒜頭炒香後，加入牛絞肉炒到 5 分熟起鍋備用。

3. 準備一鍋熱水，煮滾後把麵線放下去，用筷子翻動避免黏在一起，約 30 ～ 50 秒，後放入 1 碗冷水，再次沸騰後就能撈起麵線放入冰水中，撈起後放在一旁備用。

4. 將高湯煮滾後，先放入地瓜、冬瓜煮熟後，再放入麵、牛肉，湯滾後就可以起鍋。麵線需當餐吃完，勿分裝冷凍。

炒什錦蓋飯

鮭魚鮮菇炊飯

蒜香鮮菇炊飯

鮭魚鮮菇炊飯

材料：鮭魚 120g、蔥、薑、鴻喜菇 30g、秀珍菇 30g、醬油少許、米 1 杯、
　　　柴魚高湯 200cc

步驟：

1. 把鮭魚、蔥、薑置入盤中放入電鍋蒸（外鍋放 1 杯水）。蒸熟後用手
　將魚肉弄碎備用。

2. 鴻喜菇、秀珍菇、鮭魚、米、柴魚高湯、醬油攪拌均勻後一起放入電
　鍋或電子鍋，如果使用電鍋，外鍋放 1 杯水，煮飯完要再燜 30 分鐘
　後即可起鍋食用。

3. 需當天吃完、勿冷凍分裝。

蒜香鮮菇炊飯

材料：蒜頭少許、豬油少許、豬肉 100g、鴻喜菇 20g、秀珍菇 20g、
　　　新鮮香菇 3 朵、綠花椰 5g、米 150g、高湯 300g、鹽少許

步驟：

1. 蒜頭剝皮後切片。熱鍋放入 3 匙豬油，把蒜頭放入煎到焦香，將蒜頭
　撈除後，留豬油備用。炒鍋放入豬肉小火炒熟備用。

2. 鴻喜菇、秀珍菇、香菇切細。綠花椰汆燙過後用調理棒切細備用。

3. 將米、鴻喜菇、秀珍菇、香菇、豬肉、高湯、鹽攪拌均勻後一起放入
　電鍋或電子鍋。如使用電鍋，外鍋放 1 杯水，煮飯完還要再燜 30 分
　才能起鍋。

4. 起鍋後將豬油 1 匙、綠花椰跟炊飯攪拌均勻即可食用，勿分裝冷凍。

炒什錦蓋飯

材料：鴻喜菇 100g、甜椒 20g、西芹少許、豬肉 80g、鹽、油、
　　　軟飯 200 ～ 250g

步驟：

1. 鴻喜菇、甜椒、西芹切片後再分別用調理棒打得細碎備用，西芹因為纖
　維比較多，要打到接近泥狀般細緻。

2. 熱鍋放入 1 匙油，放入鴻喜菇炒到些許焦黃後，續入豬肉炒熟，最後放
　入甜椒、西芹大火炒 10 秒後起鍋。

3. 將炒熟的什錦料按食量分裝冷凍，要吃時可以加熱，盛一碗軟飯，將什
　錦料放在飯上就是什錦蓋飯。

玉米油菜燴料

玉米奶燉飯

玉米金黃炒飯

第四階段食譜12～24個月──玉米油菜燴料．玉米金黃炒飯．玉米奶燉飯

玉米 玉米油菜燴料

材料：玉米 80g、油菜 30g、豬絞肉 50g、油少許、醬油少許、水 200cc

步驟：

1. 將玉米粒從玉米上面刮下來，再用調理棒打得更細。

2. 油菜去梗，只取菜葉的部分，用調理棒把菜葉打碎。

3. 熱鍋放入 1 匙油，放入豬絞肉小火炒熟，再放入玉米、水、醬油，水滾轉小火煮 3 分鐘後放入油菜，再轉大火滾後即可起鍋。

4. 按食量分裝冷凍，要吃時可以加熱燴料，盛一碗軟飯，拌上燴料就能給寶寶吃。

玉米 玉米金黃炒飯

材料：玉米 20g、蛋黃 2 顆、洋蔥 20g、雞肉 30g、青豆 10g、軟飯 1 碗、鹽少許、油少許。

步驟：

1. 將玉米粒從玉米上面刮下來，洋蔥剝皮後切片，再用調理棒打得更細。

2. 用分蛋器將蛋白和蛋黃分離，將蛋黃打散備用，蛋黃倒入軟飯中，讓軟飯均勻拌上蛋黃。

3. 雞肉汆燙後去皮，用調理棒打成細絞肉。青豆汆燙後，用調理棒打成細碎備用。

4. 熱鍋放入 1 匙油，用小火將洋蔥炒到軟，放入玉米、雞肉繼續拌炒均勻，最後放入步驟 2 小火拌炒，起鍋前放入青豆就可起鍋。需當餐吃完，勿分裝冷凍。

玉米 玉米奶燉飯

材料：玉米 25g、米 1 杯、高湯 2 杯、起司少許、鮮奶（可用配方奶取代）1 杯、青豆仁 5g、洋蔥 40g、蒜末 5g、雞肉 30g、紅蘿蔔 25g、鹽少許

步驟：

1. 將玉米粒從玉米上面刮下來、洋蔥剝皮後切片、紅蘿蔔切片，一起用調理棒打得更細的小碎丁。

2. 青豆仁汆燙、雞肉汆燙後去皮，用調理棒切細備用。

3. 將所有材料（除了鮮奶、起司外）放入電鍋，外鍋放 1 杯水，按下煮飯開關。

4. 開關跳起後再燜 30 分鐘，開鍋後加入鮮奶（或配方奶）、起司攪拌均勻即可起鍋食用。也可以放涼後分裝冷凍，冷凍加熱時可以再加入一些鮮奶讓飯較濕潤。

味噌鮭魚蔬菜燉飯

蔬菜薏仁燴飯

芥藍菜炒飯

蔬菜薏仁燴飯

材料：芥藍菜 30g、豬絞肉 30g、油 1 匙、蒜片 1 顆、西芹少許、
　　　薏仁 10g、番茄 25g、紅蘿蔔 10g、地瓜 30g、軟飯 150g、鹽少許、
　　　高湯 250cc

步驟：

1. 將紅蘿蔔、地瓜、番茄、西芹先切片後，用調理棒切成碎丁備用。

2. 芥藍菜取菜葉部分，將梗去除，用調理棒切成細碎備用。

3. 薏仁前一天先泡水，隔天放入電鍋，100g 薏仁加入 200cc 的水，外鍋
放 1 杯水，煮熟。

4. 熱鍋放入 1 匙油，將蒜片爆香後，把蒜片撈除，放入豬絞肉大火炒到
5 分熟後，再加入蔬菜炒熟後，最後放入薏仁、高湯、鹽煮至湯汁略
收後就可以起鍋。

5. 盛 1 碗軟飯，將適當的燴料裝入碗中。剩下的燴料按食量分裝冷凍，
要吃時可以加熱，倒入軟飯中就能給寶寶吃。

味噌鮭魚蔬菜燉飯

材料：鮭魚 25g、薑 3 片、蔥 80g、紅味噌 1 匙、鹽少許、高湯 200cc、
　　　洋蔥 100g、芥藍菜 80g、軟飯 200g

步驟：

1. 鮭魚、蔥、薑一起用電鍋蒸熟後，用手將魚肉弄散確認沒有魚刺。

2. 芥藍菜汆燙後瀝乾，取菜葉去梗，用調理棒切細備用。

3. 洋蔥剝皮切片後，用調理棒切細備用。

4. 熱鍋放入 1 匙油，將洋蔥炒軟後，再放入軟飯、鮭魚、紅味噌、鹽拌
炒均勻，續入高湯燉煮，湯汁略為收乾後，放入芥藍菜就可以起鍋。

5. 冷卻後可當餐食用，剩下分裝冷凍，下一餐要吃時可以加一些高湯避
免飯吸收太多湯汁過乾。

芥藍菜炒飯

材料：芥藍菜 80g、蔥花少許、雞蛋 1 顆、蒜末 3 顆、豬絞肉 100g、
　　　軟飯 1 碗、醬油少許

步驟：

1. 雞蛋打散備用。芥藍菜汆燙後取菜葉、瀝乾，用調理棒打細備用。

2. 蔥汆燙後切細備用。熱鍋放 1 匙油，放入豬絞肉拌炒至熟後撈起備用。

3. 熱鍋放入 1 匙油，放入蛋液快速攪散至蛋液稍微凝固後，再倒入蒜末
拌炒，轉中火放入絞肉、醬油。

4. 起鍋前放入芥藍菜，攪拌均勻後就可以起鍋。需當天吃完，冷凍。

咖哩雞肉燴飯

百合炊飯

百合燉飯

第四階段食譜12～24個月──咖哩雞肉燴飯‧百合燉飯‧百合炊飯

252

咖哩雞肉燴飯 ─────────────

材料：咖哩塊、軟飯 1 碗、雞胸肉（雞腿肉）120g、紅蘿蔔 20g、
　　　洋蔥 100g、青豆仁 10g、百合少許、新鮮香菇 3 朵、水 400cc

步驟：

1. 雞胸肉（雞腿肉）汆燙後去皮，用調理棒把肉打成細絞肉，把紅蘿蔔、洋
蔥、香菇切片後，再用調理棒打成細碎；青豆仁汆燙後用調理棒切細備用。
百合先泡水後，放入電鍋蒸熟，外鍋放 1 杯水，煮飯開關跳起後，取出用
調理棒將百合切成小碎塊。

2. 熱鍋後放入 1 匙油，將洋蔥、紅蘿蔔、香菇、雞肉炒熟，倒入水、咖哩塊、
百合、青豆仁慢慢將咖哩塊煮成咖哩醬，水略為收乾後就可以起鍋。

3. 盛一碗軟飯，將燴料淋在飯上就可以享用。剩下的燴料按食量分裝冷凍，
要吃時再取出加熱即可。

百合 百合燉飯 ─────────────

材料：百合 5g、紅蘿蔔 30g、蘑菇 3 朵、蓮子 15g、冰糖少許、米 1 杯、
　　　地瓜 50g、高湯 2 杯

步驟：

1. 把百合、白米泡水後，百合切碎蒸熟備用。

2. 蓮子蒸熟後用糖水醃漬一晚。

3. 地瓜削皮、蘑菇切碎備用。

4. 把紅蘿蔔切成細碎備用，熱鍋後放入 1 匙油將食材炒熟、炒香。

5. 將紅蘿蔔、地瓜、水、白米、蘑菇、蓮子放入電鍋，外鍋放 2 杯水，按下
煮飯開關，跳起後燜 30 分鐘，起鍋後放入百合攪拌均勻。

6. 建議當天吃完，勿分裝冷凍。

百合 百合炊飯 ─────────────

材料：百合 5g、米 2 杯、水 4 杯、蘋果半顆、地瓜 100g、毛豆仁 10g、
　　　葡萄乾 20g、鹽少許

步驟：

1. 蘋果、地瓜削皮、切片後用調理棒切細碎，葡萄乾切成細碎，百合先用滾
水汆燙後用調理棒切細，毛豆仁汆燙切細備用。

2. 將米、水及其他所有材料（毛豆仁除外），所有材料放入電鍋，外鍋放 2
杯水，按下煮飯開關，開關跳起後悶半小時，打開後再放入毛豆仁攪拌均
勻即可起鍋。

3. 當餐吃完、勿分裝冷凍。

洋蔥豬肉燴飯

蒜香鮮菇炒飯

高麗菜山藥炊

蒜香鮮菇炒飯

材料：蒜片 30g、洋蔥 20g、新鮮香菇 3 朵、杏鮑菇 1 朵、秀珍菇 15g、花椰菜 15g、紅蘿蔔 15g、軟飯 1 碗、鹽少許

步驟：

1. 將洋蔥、香菇、杏鮑菇、紅蘿蔔、秀珍菇切片後用調理棒打成細末；花椰菜去梗只取綠色的部分備用。因為花椰菜的農藥較多，用流水清洗的時間較長。

2. 熱鍋放入 2 匙油，加入蒜片爆香，直到蒜片略微焦後把蒜片撈除。

3. 放入洋蔥、紅蘿蔔、香菇、杏鮑菇炒熟後，與軟飯、鹽攪拌均勻，最後加入花椰菜拌炒均勻後起鍋，需當天吃完，勿分裝冷凍。

 ## 洋蔥豬肉燴飯

材料：蒜末 10g、豬絞肉 100g、蛋白 1 顆、蠔油 1 匙、洋蔥 100g、玉米筍 30g、蔥少許、豆薯 20g、地瓜 20g、高湯 300cc、香油少許、軟飯 1 碗

步驟：

1. 豬絞肉沾上蛋白醃漬 5 分鐘。

2. 將洋蔥、玉米筍、蔥、豆薯、地瓜切片後，用調理棒切成細碎備用。玉米筍比較硬，建議要切得比其他食材更細。

3. 熱鍋放入 2 匙油，先放入豬肉炒到半熟後，放入洋蔥、玉米筍，洋蔥炒軟後再放入豆薯、地瓜、高湯、蠔油，燉煮到食材軟嫩，撒上許香油就可起鍋。

4. 盛一碗軟飯，將燴料淋在飯上就可以享用。剩下的燴料按食量分裝冷凍，要吃時再取出加熱即可。

 ## 高麗菜山藥炊飯

材料：高麗菜 100g、山藥 50g、蒜末 10g、牛絞肉 80g、甜豆莢 10g、米 150g、高湯 300cc、日式醬油少許，豬油少許

步驟：

1. 高麗菜清洗後切成約 3x3cm 小片，甜豆莢切小塊，山藥去皮切塊後泡水備用。

2. 熱鍋放入 2 匙豬油，加入蒜末爆香後，將蒜油放涼備用。

3. 電鍋內鍋放入所有食材及高湯，外鍋放 1 杯水，按下煮飯開關，開關跳起後再燜 30 分鐘。

4. 起鍋後拌入蒜油少許，就可食用。需當天吃完，勿分裝冷凍。

起司蔬菜燉飯

蔬菜焗麵

起司焗飯

起司焗飯

材料：軟飯 1 碗、蘑菇 3 朵、洋蔥 100g、花椰菜少許、番茄 20g、
　　　豬絞肉 80g、味醂 1/4 匙、醬油少許、起司絲、油少許

步驟：

1. 將蘑菇、洋蔥、花椰菜、番茄切成小丁備用。

2. 熱鍋放入 2 匙油，加入豬絞肉小火炒到半熟後再放入蔬菜炒熟。

3. 炒熟的食材、醬油、味醂和軟飯拌勻後，放入焗烤器皿，灑上起司絲，
　 放入烤箱，上下火調到 150℃，烤約 2 ～ 4 分鐘至起司金黃即可。

 ## 起司蔬菜燉飯

材料：起司片 2 片、鯛魚 100g、醬油少許、雞蛋 1 顆、乾香菇 3 朵、
　　　莧菜 20g、紅蘿蔔 20g、高麗菜 20g、米 150g、香菇水 300cc、
　　　鹽少許

步驟：

1. 鯛魚片先以醬油醃漬 10 分鐘，雞蛋用水煮熟後切片，分別用調理棒
　 打碎備用。

2. 乾香菇洗乾淨後泡水，泡開後用剪刀剪除菇柄，將菇傘切細後再用調
　 理棒切細備用。莧菜、紅蘿蔔、高麗菜切片後，用調理棒切細備用。

3. 將所有食材（除起司片外）放入內鍋，外鍋放 1 杯水，按下煮飯開關，
　 開關跳起後再燜 30 分鐘，起鍋前將起司片和燉飯攪拌均勻。

起司 蔬菜焗麵

材料：鮭魚 50g、番茄 1 顆、彎管麵 120g（煮熟的麵重）、洋蔥 50g、
　　　起司絲少許、鹽少許、高湯少許

寶寶紅醬材料：番茄 500g、油、洋蔥 50g、蒜頭 40g、冰糖少許、起司粉、
　　　　　　　羅勒葉少許

步驟：

1. 製作紅醬：將番茄、洋蔥、蒜頭切成小丁，羅勒葉打泥備用。熱鍋放
　 入 2 匙油，將蒜頭、洋蔥炒到軟，放入番茄丁、起司粉、冰糖熬煮成醬
　 後再放入羅勒葉泥即可。

2. 熱鍋放入 2 匙油，把鮭魚用小火煎熟後，用手將魚肉弄碎並挑掉小刺。

3. 將洋蔥、番茄切成小丁，熱鍋放入 1 匙油，將洋蔥和番茄炒熟。

4. 煮一鍋水，水滾後放入彎管麵煮 8 分鐘，把煮熟的麵放入冰水中冰鎮 1
　 分鐘後撈起。將番茄、洋蔥、麵、鮭魚、紅醬、高湯盛盤，撒上起司絲，
　 放入烤箱，上下火 150℃，烤至起司略為金黃即可。

芝麻炊飯

芝麻松子飯

 芝麻炊飯 ——————————

材料：米 1 杯，豬絞肉 100g、油、竹筍 70g、鹽少許、日式醬油 1 茶匙、
　　　味酥 1/4 匙、白芝麻少許、高湯 2 杯

步驟：

1. 竹筍切絲，用調理棒切成細碎。熱鍋後放入 1 匙油，將豬絞肉、竹筍
　　加入小茶匙的日式醬油，小火炒熟。

2. 將米、高湯、豬絞肉、竹筍、紅蘿蔔、鹽、味酥放入電鍋內鍋，外鍋
　　1 杯水，按下煮飯開關，開關跳起後再燜 30 分鐘。

3. 起鍋後撒上芝麻攪拌均勻，需當天吃完，勿分裝冷凍。

 芝麻松子飯 ——————————

材料：松子 15g、芝麻少許、油少許、蒜末少許、雞肉 50g、
　　　紅蘿蔔 50g、米 1 杯、高湯 2 杯、鹽

步驟：

1. 將四季豆、紅蘿蔔切片後，用調理棒切細碎備用。

2. 乾鍋放入松子小火乾炒，直到松子呈現金黃色，放涼後將松子放入塑
　　膠袋，用　麵棍（也可以用玻璃瓶取代），把松子碾成粉備用。

3. 熱鍋放入 1 匙油，放入蒜末炒香後，再放入四季豆、紅蘿蔔炒熟。

4. 將米、高湯、鹽、蒜末、四季豆和紅蘿蔔放入電鍋內鍋，外鍋 1 杯水，
　　按下煮飯開關，開關跳起後燜 30 分鐘。

8. 將松子粉、芝麻和飯攪拌均勻即可食用，需當天吃完，勿分裝冷凍。

甜椒蔬菜炒飯

甜椒燉

甜椒燒肉蓋飯

 甜椒蔬菜炒飯 ─────

材料：紅蘿蔔 30g、玉米 30g、豌豆 5g、雞蛋 1 顆、雞肉 50g、南瓜 40g、
　　　甜椒 10g、軟飯 1 碗、醬油少許、油少許

步驟：

1. 將紅蘿蔔、南瓜、甜椒切片，用調理棒切細備用。豌豆汆燙後切細，玉米
　 粒用調理棒切細備用。

2. 雞肉汆燙後，去皮用調理棒打成碎末備用。

3. 熱鍋放入 2 匙油，雞蛋放入鍋中拌炒到半熟後，放入紅蘿蔔、南瓜、玉米
　 炒熟再放入軟飯、醬油，起鍋前才放入甜椒和豌豆拌勻。需當天吃完，勿
　 分裝冷凍。

 甜椒燒肉蓋飯 ─────────

材料：豬三層肉薄片 150g、甜椒 30g、蒜苗少許、軟飯 1 碗、日式醬油少許、
　　　冰糖適量、水 300cc

步驟：

1. 甜椒切片用調理棒切細碎，蒜苗切碎備用。

2. 熱鍋放入 1 匙油，放入三層肉煎熟後，放入水、日式醬油、冰糖，將肉煮
　 軟後起鍋前再放入甜椒拌炒均勻、撒上蒜苗即可。

3. 將軟飯裝碗，將適當的三層肉和醬汁裝入碗中。

4. 剩下按食量分裝冷凍，要吃時可以加熱燒肉醬汁，盛一碗軟飯，拌上燒肉
　 與醬汁就能給寶寶吃。

甜椒燉飯 ─────────

材料：甜椒 20g、洋蔥 20g、蒜頭 5g、雞肉 20g、青椒 10g、米 70g、高湯
　　　140g、油少許、鹽少許

步驟：

1. 將甜椒、青椒、番茄、洋蔥、蒜頭切片，分別用調理棒切細碎。

2. 熱鍋放入 2 匙油，放入蒜末、洋蔥炒軟後，再將青椒、甜椒拌炒一下就可
　 以起鍋備用。

3. 將所有材料放入內鍋，外鍋放 1 杯水，按下煮飯開關，煮到一半時，如果
　 怕青椒的味道寶寶不愛，可以加入番紅花粉或咖哩粉或鮮奶，開關跳起後
　 再燜 30 分鐘即可食用。需當天吃完，勿分裝冷凍。

虱目魚香菇雜燴湯

虱目魚南瓜地瓜燉飯

虱目魚南瓜地瓜燉飯

材料：虱目魚肚 1 片、薑絲少許、地瓜半顆、南瓜 100g、紅蘿蔔 20g、
　　　蒜頭少許、醬油少許、米 100g、高湯 300cc

步驟：

1. 虱目魚肚盛盤，放入醬油、薑絲、蒜頭，用電鍋（外鍋 1 杯水）蒸熟
　後用手弄碎備用。

2. 將地瓜、南瓜、紅蘿蔔削皮後切片，用調理棒打成細末備用。

3. 將米、高湯、虱目魚肚、地瓜、南瓜、紅蘿蔔、醬油放入電鍋內鍋，
　外鍋 1 杯水，按下煮飯開關，開關跳起後再燜 30 分鐘，需當天吃完，
　勿分裝冷凍。

 虱目魚香菇雜燴湯

材料：虱目魚肚 1 片、薑片、鹽少許、蝦皮少許、蒜頭 2 顆、
　　　高湯 300cc、乾香菇 3 朵、秀珍菇、香菜少許

步驟：

1. 將虱目魚肚切成小塊；乾香菇洗過後泡水，用剪刀剪掉菇柄，將菇傘
　切絲後用調理棒切細；秀珍菇用調理棒切細，蒜頭切片。

2. 熱鍋放入 2 匙油，放入蒜頭、蝦皮、香菇炒香後，倒入高湯，放入虱
　目魚肚、秀珍菇、鹽，湯滾後確認魚肉熟，就可撒上香菜起鍋。

芝麻瓦片

烘蛋

寶寶肉乾

芝麻瓦片

材料：蛋白 2 顆、冰糖粉 30g、低筋麵粉 40g、無鹽奶油 25g、鹽 5g、
黑白芝麻少許

步驟：

1. 先用分蛋器分離出蛋白和蛋黃，蛋白、糖先打發，接著加入無鹽奶油
拌勻，再加入麵粉，最後才放入鹽（一定要按順序打散喔！）。

2. 烤箱鋪上錫箔紙，將麵糊倒入烤盤中，每片為直徑約 5 公分圓型餅乾
形狀，放入烤箱先以 180℃烤 10 分鐘，撒上芝麻後再繼續用 150℃烤
10 分鐘。

3. 取出放涼後就可以給寶寶拿著吃。

烘蛋

材料：雞蛋 4 顆、馬鈴薯 1 顆、洋蔥 30g、蘑菇 3 朵、醬油少許、糖少許

步驟：

1. 馬鈴薯、洋蔥、蘑菇切成細碎備用。熱鍋放入 2 匙油，先把洋蔥拌炒
軟後再放入馬鈴薯、蘑菇繼續炒熟。

2. 蛋打散後將上述材料、醬油、糖放入蛋液中，攪拌均勻。

3. 熱鍋後放入 2 匙油，倒入蛋液，一面煎熟後翻面繼續煎熟。起鍋後切
成 8 片就可以用手拿著吃。

寶寶肉乾

材料：豬絞肉（胛心肉或梅花肉）150g、醬油 1 大匙、冰糖 1 大匙、
魚露 2 ～ 5g、地瓜粉少許

步驟：

1. 生豬絞肉加入醬油、冰糖和魚露、地瓜粉，用手用力攪拌到肉變成肉泥，
也可以用調理棒打成肉泥（事後要注意調理棒的清潔和消毒）。

2. 豬肉先醃漬 15 分鐘，讓醬料入味，倒入保鮮袋中，用手或　麵棍壓平，
放入冷凍。

3. 烤箱鋪錫箔紙，用上下火 180℃烤 15 分鐘，翻面後再烤 15 分鐘。

4. 用剪刀把邊緣烤焦的部分剪掉，再把肉乾剪成長條給寶寶當零食吃。

5. 也可以自由在肉乾中加入芝麻、海苔等材料增加風味。

▌請教鈞媽 寶寶副食品 Q&A

Q1：聽說副食品有很多流派：BLW、泥派、循序漸進，到底該怎麼給寶寶副食品型態才是對？

A

• **BLW**：是認為孩子有能力自己吃東西，不需要一直給予泥狀食物，讓寶寶手拿著食物進食，學習吃的能力，而且拿食物送到口中，可以訓練手眼協調，練習咀嚼能力，增加寶寶對食物的興趣。

　　寶寶厭食時，改 BLW 也是一個很好的主意。如果妳想實行 BLW，可以等到寶寶有辦法手拿食物時再開始都還來得及，要注意給予的食物是否適合寶寶，吃東西時需陪伴在寶寶身邊，注意可能會有噎到的風險。

　　假如妳是害怕髒亂的媽媽，可使用塑膠的立體口袋圍兜，並在地板上鋪塑膠布，以防止食物掉落；或是不實行 BLW，改以正餐結束後，再給予手指食物代替練習。

• **泥派**：是從百歲醫師開始，將各類食物做成混合泥，按照一定比例將澱粉、蛋白質、蔬菜水果煮熟打成泥，依據寶寶發育程度，將泥逐漸從稀漸濃，也從綿密沒顆粒到些微有點顆粒的泥，最後直接銜接大人食物。

　　在台灣，泥派會建議餵泥到臼齒長出來為止。實務上卻很難執行，寶寶約一歲後，會想吃有口感的食物，一歲後就會發生寶寶想吃有顆粒食物，媽媽想繼續餵泥，母子間爭執衝突的狀況發生。

• **循序漸進**：吃副食品最擔心就是寶寶對餐桌上食物產生壞印象（例如：媽媽硬逼小孩進食），進而對任何副食品都排斥，在餐桌上保持好的飲食氣氛、避免衝突是很重要。

故鈞媽比較傾向依據孩子學習進度給予適當的副食品，寶寶都是先學習吞嚥，等吞嚥順利後再慢慢學習、發育咀嚼的能力。媽媽能夠先從食物泥開始，再進展到粥、軟飯或麵等慢慢與大人的食物銜接，跟大人一起吃。

Q₂：該怎麼從吃泥銜接到吃粥？

A 寶寶從四個月開始吃副食品，媽媽會一項項食材開始嘗試，漸漸將多款泥混合在一起餵，每位寶寶學習吞嚥的進度不同，媽媽可以隨著月齡增加泥的濃度、顆粒度，等寶寶能夠接受較為濃稠、有一點點顆粒的泥時，媽媽可以在同一餐中，準備一半的泥，餵完後再給予一點點煮得很糊的粥，讓寶寶練習；也可以在吃飽飯後，給予寶寶一些手指食物練習。

Q₃：寶寶吃飯很慢又含飯怎麼辦？

A 寶寶的飲食會逐漸越來越接近固體，並開始銜接大人的飲食！

寶寶剛開始學吃飯時，常會發生：吃飯吃很慢，一下就沒耐心想玩或含飯！這情形甚至可能延續到三歲。

對寶寶而言，咀嚼是很累的事情，三歲前的寶寶注意力是很短暫，慢慢咀嚼對他而言非常無聊，常沒有耐心導致吃少或放棄吃飯，所以首先可以煮軟飯和燉飯，幫助他進食更順利，讓寶寶隨著時間慢慢進步。

但是還是要隨著寶寶咀嚼功能的發展逐漸幫他變換食物的型態。建議一歲七個月後可以讓寶寶練習自己動手吃飯，或是先吃飯，吃到寶寶越吃越慢、咀嚼累了、開始含飯或沒耐心後，就可以開始改餵粥，餵到吃飽為止。

先餵飯再補餵粥的作法，既可以讓寶寶練習自己吃飯和咀嚼，又可以讓寶寶在剩下的時間內快速吃飽一餐，將吃飯時間維持在一個小時內結束。妳可以準備一半的飯，和一半的粥，看到寶寶不耐煩後，就補餵粥補到飽，就不怕孩子當餐吃不飽或有營養不良的擔憂，也不用擔心寶寶無法逐漸接受固體食物哦！

Q4：寶寶吃副食品時，便便中都有食物殘渣，是正常的嗎？還是食物過硬呢？

A 寶寶的腸胃剛接受時副食品中的食材時，因為剛開始適應，不會全部都吸收，會排出部分或是便便帶有食物顏色，這是正常的，慢慢腸胃就會適應並越吸收越多。一般像是紅蘿蔔、玉米等根莖類，因為食物較硬，媽媽可以採取打成泥或用調理棒打成極為細小的顆粒，烹煮時可以考慮先蒸熟後再跟其他食材一起煮，避免蔬菜沒熟，促進寶寶腸胃吸收。

另外，對於很多寶寶而言，肉類顆粒是較難吞嚥的，常見的情況是，就算到會到二歲，還是有不少寶寶會因為不好咀嚼進而排斥肉類，建議媽媽可以將絞肉蒸熟後打成泥，或是細切到肉末、添加些許肥肉（像牛肉、豬肉都是有油花會較軟）等方式，幫助寶寶好吞嚥也好消化。

Q5：寶寶挑食怎麼辦？

A 寶寶較大後，開始會出現挑食的傾向，甚至有寶寶只喜歡吃白飯，媽媽一方面擔心寶寶營養不良、一方面又怕寶寶不吃，鈞媽提供以下方式供您參考：

很多寶寶不愛吃肉，是因為味道和難以咀嚼。月齡較小時，可以肉打成泥，少量混入泥或粥中；月齡較大時，可以把生肉打成肉泥，做成米肉丸（生肉捏成肉丸，蒸熟後包入米飯），生肉打成泥再煮過，寶寶只要輕輕咀嚼就會化掉，也可以混入蛋餅、水餃等其他料理中給寶寶吃。

有些寶寶不喜歡吃菜，因為很多蔬菜纖維多，很難咬斷，可以先挑選寶寶較愛的菜類，像是高麗菜、白菜等，也可以把蔬菜切成細碎，混入雞蛋、水餃或是跟肉類一起煮成滷白菜，整體煮得比較軟爛，甚至能做成蛋糕給寶寶吃。

如果只喜歡吃白飯，可以試著幫他把所有食材、白飯分開烹煮，放在餐盤上，要他先吃一口蔬菜肉類、下一口才能吃白飯，採用交互方式餵食。

Q6：我一定要把飯菜全部混在一起煮嗎？

A 不一定，寶寶開始吃固體食物後，可以把青菜、肉類、白飯等食物分格放在餐盤中讓寶寶吃。混在一起好處是不讓寶寶有挑選的機會，但是媽媽可以二種方式交換使用，或視家庭狀況給予寶寶適當的吃飯方式。

Q7：寶寶厭食的原因？

A 寶寶厭食大致分二類，長期性和突發性。

· **突發性厭食原因包含：**

❶ **生病、喉嚨痛或有痰、長牙**：寶寶初期不舒服時，會產生厭食的症狀，媽媽可以檢查一下牙齦或是否有嘔吐的情形。生病長牙時，媽媽可以

給予流質食物泥，蒸蛋等軟嫩食物，更嚴重時，只要給寶寶喝奶、喝果汁或喝水。

❷ **討厭食物的型態**：有些寶寶本來在吃泥，約一歲左右（有些寶寶會更早）會希望吃有顆粒的食物，此時可以評估寶寶實際咀嚼能力，保留一些食物顆粒在泥中、或改成麵、麵線或粥等較為固體性的食物。

❸ **討厭該餐食物味道**：媽媽可以試著改變食材的種類或搭配。

❹ **想要跟大人一起吃**：月齡很小時，媽媽可以把小孩吃飯時間和大人吃飯時間錯開，堅持不給大人的食物；等到月齡比較大時，除了改變孩子的食物型態外，假設孩子跟大人一起吃時，可以大人小孩一起吃清淡或無調味的飲食。

❺ **脹氣或便秘**：脹氣和便秘都容易讓孩子厭食，可以每天在睡前幫寶寶按摩肚子，並確認是否有便秘問題。

❻ **懶得咀嚼**：二～三歲間最容易發生，這時候已經開始跟大人一起吃固體食物，對孩子而言咀嚼是很辛苦，致使吃幾口就放棄繼續吃，如果寶寶產生這症狀時，可以暫時給予粥、麵等較軟爛的食物緩和對食物的厭惡感，也可以多方給予喜愛的食物（舉例：像鈞喜歡高麗菜，我就會將肉打成泥、加上高麗菜末、香菇、醬油煮成燉飯），或是吃完後給予獎勵來改善。

長期性三原因包含：

❶ **飲食間距過短**：三個月後，寶寶的飲食間距至少要有四小時，六個月後建議一天約三至四餐；並在適當時機拉長飲食的間距，千萬不要二小時喝一次奶、二小時後又吃副食品，飲食間距過度短會讓孩子感覺不到飢餓，腸胃也無法休息。六個月後慢慢將飲食間距拉長五至五點五小時一次。

❷ 喝奶量過大：寶寶六個月後，每餐如果幾乎以奶為最大量主食，加上每夜維持多次夜奶，惡性循環下，白天更喝不下，此時應該減少奶量，增加副食品的量。

❸ 任意吃零食：正餐以前任意給寶寶零食，到了正餐時自然會吃不下或想繼續將零食當成正餐來吃。要將零食戒掉，寶寶才能好好的吃正餐。

❹ 食物型態讓寶寶吞嚥困難：很多媽媽希望寶寶趕快學咀嚼，卻忽略寶寶也是需要時間學習咀嚼；媽媽猛然就將副食品改成軟飯或硬飯，但是寶寶沒有耐心慢慢咀嚼，於是吃幾口就放棄繼續吃飯。

❺ 可以邊跑邊玩邊吃：怕小孩餓著，於是孩子離開餐椅後，還是繼續追著小孩有一口沒一口的吃，寶寶這時只想玩，不想專心吃，自然食量少或吃不多。

❻ 不習慣用湯匙進食：這會發生在月齡很小的時候，長期都用奶瓶喝奶，一定使用湯匙就會產生排斥，會建議媽媽要耐著性子、趁寶寶心情好時耐心一湯匙一湯匙餵，慢慢狀況就會漸入佳境。

❼ 餵食速度過慢：寶寶此時注意力和耐心都比較短，建議寶寶只要嚥下一口，下一口就要餵進去，超過一小時就停止該餐的餵食。

❽ 對副食品的印象長期很差：媽媽的希望是寶寶多吃一點，但是寶寶胃口會忽大忽小，當寶寶吃不完一碗飯時，有可能被斥責、母親硬餵食到孩子大哭等，時間一久，寶寶自然對副食品興趣缺缺。此時可以改變餵食的方式或方法，比方說採用 BLW。

❾ 缺乏營養素、食物過敏等特殊因素：嬰幼兒到了攝取副食品階段，飲食假如不平衡，常會缺乏鋅、鐵、鎂、鈣等營養素，很容易造成食慾不振、疲倦等症狀，可以藉由醫師抽血檢查確認，後續藉由補充營養素、平衡飲

食來改善，假設寶寶仍繼續在哺餵母乳時，媽媽也同樣要檢查自己是否飲食均衡。

人們通常都很喜愛吃自己會過敏的食物，在過敏症狀極不明顯時，可能喜歡單吃某樣食物，排斥其他食物，這部分可以透過二～三歲時，抽血確認孩子的過敏原有哪些。

Q8：請問鈞媽是否有讓寶寶接受副食品的小訣竅？

A 在寶寶接受副食品的過程中，食物型態、內容、作息、環境等都會影響食慾，媽媽首要調整是自己心態，「寶寶不會餓到自己」，孩子最清楚自己有無吃飽，不論吃多吃少，媽媽都要學習接受。

寶寶約三～四個月開始吃副食品，媽媽一定要抱著耐心讓孩子慢慢接受副食品。讓寶寶吃得健康，比吃多更重要。以下是鈞媽自己在製作副食品，寶寶會接受副食品的小訣竅，此僅為個人意見，不是絕對。

❶ 早上起床先喝一些溫水：寶寶吃副食品後，就要注意一定要喝水，攝取纖維質後必須要有足夠的水分才能排便順利，大便如果積在腸中，胃口自然不好，早上起床是一天中食慾最差的時刻，可以先喝點溫水，讓腸胃先活動後再開始吃副食品。也要注意整天需多喝水。

❷ 給予最適合的副食品型態：吞嚥順利比美味重要。很多媽媽都怕孩子太慢學習咀嚼，剛開始學吞嚥時就急著要給顆粒或過度濃稠的食物，造成寶寶易噎到或咀嚼困難，時間一久就容易造成孩子對副食品厭惡、胃口變小；應該讓孩子學習從吞嚥開始進展到咀嚼，食物型態建議可從泥 => 粥 => 軟飯，濃稠度也建議從稀 => 濃，使用孩子能接受的進度循序漸進改變

食物型態。

❸ 提高運動量：寶寶也是需要運動量，多活動讓體能消耗，自然就會吃得比較好，月齡小、身體還不會動（零～四個月），媽媽可協助他作腳踏車運動、利用健身架幫助他運動，等稍微會移動時，可利用翻身、挪動身體運動，像是在保特瓶內裝珠子滾動引起他的注意力，讓寶寶想抓取；等到會爬後，建議將家中收拾乾淨，區域越大越好，讓寶寶四處探險遊玩；等到一歲會走路後，一定要常帶出門散步、公園遊玩。在寶寶養育過程中，一定要鼓勵孩子運動和發展四肢，避免整天一直抱著，不敢讓他爬行或走動。

❹ 定時給予副食品：除了生病以外的時間，會建議三餐要正常時間進食，吃多或吃少都不用介意，因為飢餓和進食時間的習慣是可以養成，上一餐吃少，下一餐就會因為餓吃的比較多。有媽媽會因為寶寶不想吃早餐就用奶代替，會建議多多少少還是要吃一些，比方說給予蒸蛋等比較能引起食慾的食物。

❺ 烹煮好吃副食品的訣竅：大人的食物可以使用各式調味料來提升美味，但是孩子的食物是用天然食材烹煮、不使用調味料或清淡，如何煮出好吃的副食品訣竅先用甜根莖類蔬菜（如地瓜、紅蘿蔔、玉米）、肉類等熬煮高湯底，做為副食品基底；煮副食品時，食材要挑選新鮮、甜度高的蔬菜、含水量高的米下去熬煮，味道比較不好的食材，可以試著減少用量，舉例：青江菜的味道比較不好，可以打成泥，放少量一些，用玉米、地瓜等甜蔬菜或天然的調味料等方法去掩蓋青江菜的味道。

❻ 增加胃容量：雖然寶寶不會餓到自己，且健康比食量大重要，但適當增大寶寶胃容量，有助於寶寶吃更多、也比較不耐餓；當餐吃完副食品後，可以再給予一點寶寶喜歡的手指食物、喝點水或湯。寶寶剛吃飽時，

盡量不要從事激烈活動，像假如寶寶吃完後全吐出來（生病除外），這代表寶寶這餐吃過飽，下一餐一定要稍微減少一些量即可。

❼ **不要製作巫婆泥**：媽媽希望給寶寶很多營養，就拼命放一堆食材在同一碗副食品，讓副食品的味道變得很怪，建議每餐食材只要選三至四款，本身帶有甜味或鹹味的食材可以多放一點，肉類要注意去腥，增加澱粉和蛋白質的比例可以增加飽足感、熱量。

❽ **媽媽要有耐心**：有些習慣喝奶的寶寶，對於副食品要用湯匙吃，排斥感較重，就是不喜歡副食品，不管妳怎麼餓他，他就是不吃；建議媽媽還是要抱著耐心，慢慢減少奶量、每餐不間斷一口、二口逐漸使寶寶習慣，有的時候寶寶只是不習慣吃副食品，並不是不喜歡，媽媽不需要急著更改副食品型態，而是每天持續不間斷直到寶寶習慣用湯匙進食為止。

Q9：寶寶吃完副食品又全吐出來，是生病了嗎？

A 寶寶剛吃完後，在下一餐之前把食物全吐出來，有可能是副食品太稠、太黏、吃太飽、運動太激烈、壓到肚子、喉嚨有痰（生病）等原因，媽媽可以先稍微觀察一下，假如食慾和活動力持續減退，連吐很多餐，會建議媽媽先帶孩子去看醫師，以醫師判斷為準。

鈞媽零失敗 **低敏美味**副食品 **暢銷增訂版**

作　　者／鈞媽
選　　書／陳雯琪
主　　編／陳雯琪
特約編輯／潘嘉慧

———————————————————

行銷經理／王維君
業務經理／羅越華
總 編 輯／林小鈴
發 行 人／何飛鵬
出　　版／新手父母出版
　　　　　城邦文化事業股份有限公司
　　　　　台北市中山區民生東路二段 141 號 8 樓
　　　　　電話：(02) 2500-7008　傳真：(02) 2502-7676
　　　　　E-mail：bwp.service@cite.com.tw
發　　行／英屬蓋曼群島商家庭傳媒股份有限公司城邦分公司
　　　　　台北市中山區民生東路二段 141 號 11 樓
　　　　　讀者服務專線：02-2500-7718；02-2500-7719
　　　　　24 小時傳真服務：02-2500-1900；02-2500-1991
　　　　　讀者服務信箱 E-mail：service@readingclub.com.tw
　　　　　劃撥帳號：19863813
　　　　　戶名：書虫股份有限公司

- -

香港發行所／城邦（香港）出版集團有限公司
　　　　　香港灣仔駱克道 193 號東超商業中心 1F
　　　　　電話：(852) 2508-6231　傳真：(852) 2578-9337
　　　　　E-mail：hkcite@biznetvigator.com
馬新發行所／城邦（馬新）出版集團 Cite(M) Sdn. Bhd. (458372 U)
　　　　　11, Jalan 30D/146, Desa Tasik,
　　　　　Sungai Besi, 57000 Kuala Lumpur, Malaysia.
　　　　　電話：(603) 90563833　傳真：(603) 90562833

- -

封面、版面設計／徐思文
內頁排版、插圖／徐思文
食譜攝影／阿春
製版印刷／科億彩色製版印刷有限公司
2016 年 6 月 2 日 初版
2021 年 5 月 20 日 增訂版 3.1 刷　　　　　Printed in
Taiwan定價 450 元
ISBN　978-986-5752-39-2
EAN：471-770-209-680-9
有著作權·翻印必究（缺頁或破損請寄回更換）

國家圖書館出版品預行編目 (CIP) 資料

鈞媽零失敗 低敏美味副食品 / 鈞媽著 . -- 初版 .
-- 臺北市 : 新手父母，城邦文化出版 : 家庭傳
媒城邦分公司發行 , 2016.06
　　面 ；　公分 . -- (育兒通系列 ; SR0087)
ISBN 978-986-5752-39-2(平裝)
1. 育兒 2. 小兒營養 3. 食譜
428.3　　　　　　　　　　105007146

鈞媽嚴選天然/有機蔬菜、無毒黑豬肉製作寶寶副食品、營養粥、高湯、孕媽咪補湯、黑豬補湯，提供產前產後或病後之補養。

HACCP&ISO22000 合格食品工廠、中央廚房製作，SGS 檢驗通過、為您把關高品質，口味眾多、補給營養，無防腐劑、無人工添加物，讓媽媽寶寶吃得安心又健康。

購物網站：https://shop.chinbp.tw/
免付費電話：0809001966
Line：@chinbp